中公教育优就业研究院◎编著

UI设计之道

从小白到UI设计师的蜕变

{UI设计师养成记}

世界图书出版公司

北京·广州·上海·西安

图书在版编目（CIP）数据

UI 设计师养成记·UI 设计之道 / 中公教育优就业研究院编著 . —北京：世界图书出版有限公司北京分公司，2019.7

ISBN 978-7-5192-6426-0

Ⅰ.①U…　Ⅱ.①中…　Ⅲ.①人机界面—程序设计　Ⅳ.① TP311.1

中国版本图书馆 CIP 数据核字 (2019) 第 142007 号

书　　名	UI 设计师养成记·UI 设计之道	
	UI SHEJISHI YANGCHENGJI · UI SHEJIZHIDAO	
编　　著	中公教育优就业研究院	
责任编辑	徐　苹	
特约编辑	高　波	
出版发行	世界图书出版有限公司北京分公司	
地　　址	北京市东城区朝内大街 137 号	
邮　　编	100010	
电　　话	010-64038355（发行）64037380（客服）64033507（总编室）	
网　　址	http://www.wpcbj.com.cn	
邮　　箱	wpcbjst@vip.163.com	
销　　售	各地新华书店	
印　　刷	海森印刷（天津）有限公司	
开　　本	787 mm × 1092 mm　1/16	
印　　张	12	
字　　数	230 千字	
版　　次	2019 年 8 月第 1 版	
印　　次	2019 年 8 月第 1 次印刷	
国际书号	ISBN 978-7-5192-6426-0	
定　　价	68.00 元	

如有质量或印装问题，请拨打售后服务电话 010-82838515

前 言

随着计算机和互联网的普及和纵深发展，UI设计师成为互联网时代不可或缺的职业之一，在就业的深度和广度上具有明显的优势。UI设计分为硬件界面设计和软件界面设计，本书主要讲解软件界面设计，侧重于网站的界面设计。

UI设计发展到今时今日，已不仅仅局限于界面的美观友好，而是越来越关注人的因素。立足于用户的真实感受和使用体验的设计理念被广泛应用于产品设计之中，设计师以提升产品易用性为依托，通过友好的界面设计引导人机交互，提供愉悦便捷的用户体验。

本书结构框架

本书共分为10章，主要讲解网页的UI设计，内容涵盖了UI设计的发展、设计原则、视觉元素、方法论、色彩搭配、交互设计、拓展性知识等内容，系统地讲解了网页UI设计知识，有助于读者了解UI设计规范、掌握设计方法、建构设计理念。本书的结构框架如下：

UI设计的发展概述（第1章—第2章）——介绍了UI设计的概念、流程及风格演变等基本知识，讲解了UI设计师的发展前景、岗位职责等行业现状。这部分内容能帮助读者了解UI设计的基础知识，并对UI设计师的岗位有基本的认识。

UI设计的设计方法（第3章—第6章）——介绍了UI设计的设计原则、视觉元素、版式方法论、色彩搭配技巧等具体的方法和操作。这部分内容可帮助读者掌握UI设计的基本方法和设计技巧。

网站分类及用户体验（第7章—第8章）——讲解了网站的分类及设计形式，具体介绍了交互设计和用户体验的内容及应用。这部分内容使读者充分了解网站的分类及UI设计要点，对交互设计与用户体验有深入的认识。

UI设计的拓展内容（第9章—第10章）——主要介绍了移动平台的UI设计，以及

UI设计的响应式设计、栅格系统、产品包装等扩展性知识。这部分内容可拓展眼界、提升UI设计能力。

本书内容特点

本书体系科学，条理清晰，立足于网页UI设计知识，将理论与实践案例相结合，语言通俗易懂，讲解深入浅出。本书着重讲解UI设计的理论知识，适合零基础和具有一定设计经验的读者阅读使用。

本书采用彩色印刷形式，图文并茂，生动易懂。我们力求通过本书使有志于从事UI设计的读者能在设计领域尽情展现才华，成为一名优秀的UI设计师。

目 录

第 8 章　交互设计与用户体验　123

第 9 章　移动平台的 UI 设计　152

第1章
初入UI设计世界

1.1 什么是 UI 设计

1.1.1 UI 设计的概念

UI（User Interface）设计即用户界面设计，是对软件的人机交互、操作逻辑、界面美观进行的整体设计。UI设计旨在创建一个帮助人与电子设备进行交互的媒介。通过友好的界面设计，复杂的产品结构、功能能够以简洁直观的形式得到展现，为用户带来良好的使用体验。

1.1.2 UI 设计的发展

20世纪70年代，图形界面设计首次出现在电子设备显示屏上，由此拉开了UI设计的序幕。此后的50年间，伴随着互联网及电子产品的迅猛发展，UI设计也一路高歌猛进，发展成现今的热门行业。经历了从PC端到移动端的革命性演变，UI设计始终站在界面设计的前沿。以下具体介绍UI设计的发展历程。

1.1.2.1 PC 端 UI 设计的发展

（1）Windows 系统UI设计的发展

Windows系统是由微软公司开发的一款基于PC平台的操作系统，自1985年发展至今，Windows系统已成为全球应用最广的PC端操作系统。

● Windows 1.0

Windows 1.0系统于1985年正式发布，界面布局采用简单的几何图形和鲜艳的配色。这是微软公司首次尝试在电脑上加入图形的界面设计元素，但这种大胆的尝试在当时并未获得用户的普遍认可。

● Windows 2.0

Windows 2.0系统发行于1987年，是基于MS-DOS的操作系统，外观看起来与当时的Mac OS系统相似。Windows 2.0系统对图形功能的支持增强，实现了叠加窗口、自定义屏幕布局等经典的Windows系统功能。微软公司紧接着又推出了Windows 386和Windows 286系统，为Windows 3.0系统的成功提供了技术积累。

- Windows 3.0

Windows 3.0系统于1990年发布。微软公司大幅改进了这一系统的界面设计,并发布了多个语言版本,此举拓宽了市场,使Windows系统在很多非英语母语国家获得了应用和好评。

- Windows 95

微软公司于1995年发布了Windows 95系统,它可同时支持16位和32位的Windows系统。Windows 95系统实现了图形界面设计领域的一次飞跃,界面设计极具人性化,初学者也能很快上手使用。Windows 95系统确定了很多至今仍被视为标准的设计准则。

- Windows 98

Windows 98系统于1998年正式发布。以Windows 95系统为基础,Windows 98的UI设计更注重设计界面和窗口的简洁化,使用户更专注地投入到工作中。Windows 98系统全面集成了Internet标准,提升了网络信息浏览的方便快捷程度。

- Windows 2000

微软公司于2000年发布了Windows 2000系统,UI界面设计的整体色调开始趋向蓝色。从这一版本开始,微软公司意识到Windows系统的多平台操作特点,因此更注重对系统操作通用性的设计。

- Windows XP

Windows XP系统于2001年发布,微软公司的UI设计风格渐趋稳定。Windows XP系统的界面设计清新简洁,风格鲜明独特,明显区别于同期的其他操作系统。凭借强大便捷高效的操作特点,Windows XP系统逐渐发展成为全球范围内最受欢迎的电脑操作系统。直至2014年,这一经典系统才正式退役。

- Windows Vista

Windows Vista系统于2006年正式发售,它包含多种新功能,采用了全新的UI设计和Aero界面风格。Vista意为"远景",其在界面设计中表现为窗口的空间感视觉效果,使界面具有极强的科技感。

- Windows 7.0

Windows 7.0系统于2009年发布,是我们比较熟悉的操作系统,如图1-1所示。系统提供入门版、家庭普通版、家庭高级版、专业版、企业版、旗舰版等多个使用版本,用以满足用户的不同需求。

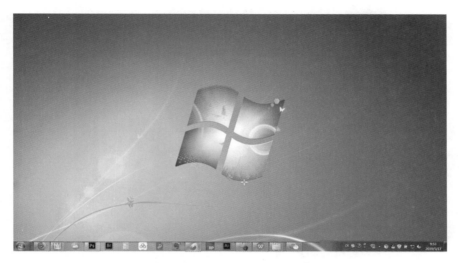

图 1-1　Windows 7.0 界面设计

●Windows 8.1

Windows 8.1 系统于 2013 年正式发布，确立了 Metro 的界面设计风格，如图 1-2 所示。微软公司启用了特有的动态磁贴设计，"开始"屏幕独具特色，将信息功能分割成颜色和大小不同的版块，即动态磁贴，用户可与动态磁贴进行交互。

图 1-2　Windows 8.1 界面设计

●Windows 10

Windows 10 系统于 2015 年正式发布，系统的 UI 设计更趋扁平化，动态磁贴统一使用相近的蓝色，如图 1-3 所示。重新启用了位于屏幕左侧的开始菜单模式，将动态磁贴集中显示于屏幕右侧。系统新增了 Cortana 搜索功能，Cortana 是 Windows 10 系统的私人智能助手，可提供整理、搜索文件等功能，为用户提供了高效智能的功能服务。

图 1-3　Windows 10 界面设计

（2）Mac OS 系统 UI 设计的发展

Mac OS 系统是在苹果 Macintosh 系列电脑上运行的操作系统。该系统于 2001 年更名为 Mac OS X，X 为罗马数字 10，意为第 10 代，代表 Mac OS 系统的新纪元。Mac OS 系统专为苹果 Mac 系列电脑设计，不能用于其他的电脑平台。

● Mac OS 8

苹果公司于 1997 年发布了 Mac OS 8 系统。苹果公司注重 UI 设计中的色彩设计，以平铺方式将 Mac OS 的标志置于蓝色背景中，在当时产生了突破性的视觉冲击效果。

● Mac OS 9

苹果公司于 1999 年发布了 Mac OS 9 系统。在 UI 设计上，整体与 Mac OS 8 系统区别不大，桌面背景颜色相对较深。

● Mac OS X 10.0

Mac OS X 10.0 系统于 2001 年 3 月发布，代号 "Cheetah"（猎豹）。该系统的界面设计发生了巨大变化，基本奠定了苹果电脑设计风格的雏形，某些设计模式甚至沿用至今，如工具栏、菜单栏的位置等。Mac OS X 10.0 系统有多个升级版本，前期以大型猫科动物作为系统的代号，从 Mac OS X 10.9 系统开始以美国的地理位置、景区名称作为代号。以下只介绍在 UI 设计方面具有标志性特点的系统版本。

● Mac OS X 10.5

Mac OS X 10.5 系统于 2006 年发布，代号 "Leopard"（美洲豹）。该系统主要对状态栏的界面进行了改变，苹果公司开始着眼于拟物化设计，由此掀起了全球范围的拟物化设计热潮。

● Mac OS X 10.7

Mac OS X 10.7 系统于 2010 年发布，代号 "Lion"（狮）。该系统是首个可通过 APP

Store下载的Mac系统。界面设计采用平铺式布局，将应用程序的启动图标平铺排列于桌面上。

● Mac OS X 10.10

Mac OS X 10.10系统于2014年发布，代号"Yosemite"（约塞米蒂国家公园），如图1-4所示。界面、应用和持续性是Mac OS X 10.10系统的重点提升方向。该系统的界面设计风格与同期发布的iOS 7系统相融合，摒弃了拟物化设计，采用了全新的扁平化设计风格，同时结合了半透明的视觉效果，使界面更具可视性。

图1-4　Mac OS X 10.10界面设计

● Mac OS Mojave 10.14

2018年9月，苹果公司发布了Mac OS Mojave 10.14系统，代号为"Mojave"（美国沙漠），它是目前最新的Mac系统，如图1-5所示。该系统进一步优化了UI设计，增加了深色模式，细节设计更加完善。

图1-5　Mac OS Mojave 10.14界面设计

1.1.2.2 智能手机的 UI 设计

经历了从手提电话、非智能手机到智能手机的升级迭代，手机已然成为人们的生活必需品。在这一过程中，真正意义上的手机UI设计出现在智能手机中。智能手机具有强大且独立的操作系统、可自行安装与系统匹配的应用程序、全触摸式大屏幕等性能特点。

现今，手机操作系统包括iOS（苹果手机系统）、Android（安卓手机系统）、Windows Phone（微软手机系统），如图1-6所示。这些手机系统在系统逻辑、架构、界面设计上各有特色，因此基于不同手机系统的UI设计规范也各有侧重。本书第9章对相关内容有具体讲述。

图 1-6　iOS、Android、Windows 手机系统的界面

1.1.3 UI 设计的分类

根据用户和界面的不同，UI设计可分为PC端、移动端、其他平台的UI设计。

（1）PC端UI设计

PC端UI设计是针对电脑操作界面进行的UI设计，包括电脑版的QQ、微信、Photoshop软件、网页及网页中按钮图标等的UI设计。图1-7为网站的UI设计效果图。

（2）移动端UI设计

移动端UI设计是针对手机、平板电脑等移动端设备进行的UI设计，主要包括安装在智能手机、平板电脑等移动终端上的应用软件。图1-8为手机端APP的UI设计效果图。

（3）其他平台的UI设计

其他平台的UI设计是指除了PC端和移动端以外其他平台的UI设计，主要包括VR界面、AR界面、ATM界面、智能电视、车载系统等其他智能设备的UI设计。

图 1-7　网站 UI 设计

图 1-8　手机 APP UI 设计

1.2 UI 设计的发展前景与就业空间

1.2.1 UI 设计的发展前景

就目前来看,互联网仍是未来相当长的一段时间内中国经济发展的增长点。借助互联网的东风,UI设计行业也将继续保持良好的发展态势,成为"互联网+"经济发展进程中不可或缺的行业。实际上,UI设计的水平在某种程度上代表着互联网企业、网站、APP应用的门面和窗口,国内外各大互联网企业越来越注重UI设计,均设有专门的UI设计部门,并致力于不断提升UI设计水准。

良好的行业发展势头、不断扩大的市场体量,以及相对较低的入行门槛,为UI设计行业带了广阔的就业空间。现如今,UI设计师已跻身十大高薪行业之列,一线城市普通从业者的平均年薪保持在10万~15万,资深从业者平均年薪可达到30万以上。

1.2.2 UI 设计师的就业空间

UI设计涉及的工作环节众多,包含的岗位种类多样。从工作内容上划分,可将UI设计分为用户研究、交互设计、视觉设计,每一类又可细分为具体的岗位小类,分别对应不同的职位素养和技能要求。具有1年~2年工作经验的UI设计师一般应掌握2个~4个职位的工作技能。

(1)用户研究

●用户研究工程师

在了解UI设计知识的基础上,用户研究工程师还应具备一定的心理学、人文社会科学知识。在设计前期,用户研究工程师运用心理学知识,通过竞品分析、数据整合等方式,确定产品的用户范围和功能范围等指标性内容。用户研究工程师是为产品指明方向的岗位。

●用户测试工程师

在整个UI设计流程结束后,用户测试工程师负责对UI设计的可用性进行测试。测试无需口令代码指示,通过焦点小组、问卷调研等方式,评估、衡量UI设计中交互方式、用户体验的合理性以及界面的美观程度等要素信息。用户测试工程师是为产品设计设计把关的岗位。

(2)交互设计

●交互设计师

交互设计(Interaction Design)主要是对人造系统的行为进行的设计。从字面上理解,交互就是两个或多个个体之间的交流与互动。在UI设计领域,交互设计师的工作是设计人与设备的对话方式,这是决定产品使用方式的岗位。

● 用户体验设计师

用户体验设计（User Experience Design）以用户需求为设计目标。用户体验是指用户在使用产品或浏览网页时产生的感受，包括对产品的记忆、再次使用的概率、对错误的容忍度等数据指标。很多时候，用户体验设计师要站在用户立场，预想用户使用产品时的心理活动，考虑功能的必要性和展现形式。用户体验设计师是提升用户体验的岗位。

（3）界面视觉设计

界面视觉设计包括Web端和APP端的UI设计，覆盖范围广，任何载体上的产品界面都需要进行视觉设计。界面视觉设计师的工作不仅是美化界面，还需要将用户研究、交互设计的结果和软件图形设计规范等融入产品设计中，考虑如何运用视觉效果传递情感和引导用户，打造赏心悦目的视觉效果。界面视觉设计师是决定产品最终视觉呈现效果的岗位。

1.3 UI 设计的流程

UI设计具有明确的设计流程，以产品生产为分割点，基本可分为前期调研、中期设计、后期测试更新3大工作阶段，其流程细化如下：

（1）全面认识产品

了解市场上现有产品的情况是UI设计的基础性工作，这就是前期的市场调研。通过对市场竞品和自身实力的综合分析全面认识产品。竞品分析是对市场上同类产品的性能特点、市场占有率、界面构成、目标群体、市场空缺情况等进行综合比对。在竞品数据分析的基础上，设计师需确定自身产品的定位和用户目标，由此确定产品的功能范围，其核心目标是突出产品特色，强化主打功能，提高市场占有率。

（2）目标用户研究

目标用户研究是确定产品方向的关键。目标用户不能简单概括为"某一类人"，应将群体特征精细化，精细化的目标用户数据有助于设计师建构产品模型。用户研究内容包括用户的年龄和职业、性格和生活方式、使用习惯和目的、需求和痛点、使用环境和诉求等。同类型的用户也应区分主次，有利于产品的核心功能和边缘功能的建构和分配。

了解用户信息的途径丰富多样，可采用观察法、用户访谈、焦点小组法、卡片分类法、头脑风暴法等多种方法。在收集调研的过程中，对有代表性的用户形象进行建模分析，创建用户角色及对应的故事脚本，以模拟方式进行产品使用的情景预设，同时针对预设问题给出解决方案。图1-9是为饮食类APP创建的用户角色，可针对角色的需求和痛点进行APP的功能设计。

	使用设备：iPhone
姓名：wawa	使用网络：4G、Wi-Fi
性别：女	人物简介：追求生活品质
年龄：35	描述：休假常带孩子出去游玩，熬夜少
职业：会计	睡眠正常，一般晚上十点以前休息，对
	食物更关注营养健康
关键特征：有一个8岁的孩子	APP目标：健康营养的饮食制作

图1-9　创建用户角色

（3）构建产品结构框架

产品设计方案形成后，UI设计由抽象化进入具体化的阶段。这一阶段主要通过绘制流程图、线框图、原型图等方式建构产品的结构框架。流程图以图形方式绘制产品使用步骤，分为产品经理使用的逻辑流程图和设计师使用的页面流程图。线框图是在产品经理逻辑流程图的基础上，用线框表现页面主要内容的一种形式。原型图包括低保真原型图和高保真原型图，是设计流程中最贴近效果图的。

制作产品流程图和产品的原型，可帮助设计师准确、直观地分析和校正产品的设计方案。原型图以最接近成品的形式来分析测试产品的可用性，将产品经理和设计师有机地联系起来，有助于完善产品设计的交互逻辑和提高产品的实现程度。图1-10是某产品的登录流程图。

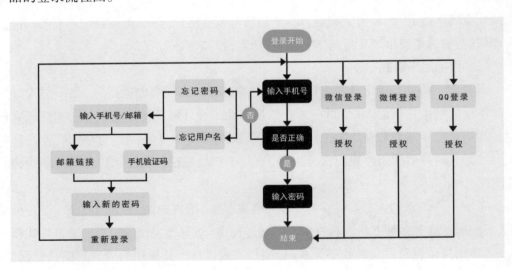

图1-10　登录流程图

（4）产品测试评估

产品的基本功能和大部分视觉设计完成后，需进行测试和评估，主要测试产品功能和视觉表现。产品功能的测试重点是产品能否在不同使用情况下顺利完成任务，视觉表现不涉及设计风格，其测试重点是用户能否正确理解、操作是否顺畅等。测试评估可及时发现产品存在的不良功能，根据测试评估结果可进一步改善优化产品的设计。

（5）持续迭代更新

上线后，产品需要进行持续的迭代更新，通过收集、分析用户对产品的反馈信息和使用数据情况，不断完善优化产品的功能、结构、视觉表现。产品的优化是一个长期的过程，贯穿于产品的整个生命周期。迭代更新的过程是不断满足用户需求的过程，也是跟随行业技术升级，适应时代发展和完善产品的过程。

第2章
零基础的设计之路

从事UI设计的工作人员需要具备一定的软件技能和基本素养，才能顺利踏上设计之路，需要掌握基本的软件操作技能、了解设计风格、具有持续学习的能力及从现实汲取灵感的能力。

2.1 软件是实现创意的基石

软件是将设计师想法变为现实的工具，最终的设计成果并不完全取决于想法，技法也是重要的影响因素。最常用的UI设计软件是Photoshop和Illustrator，这两种软件在图像处理方面具有强大的功能，已成为设计师工作中必不可少的工具。只有熟练地掌握软件操作技巧，设计师才能更好地将脑海中的设计灵感变为现实。建议零基础的读者先从《UI设计师养成记·零基础学Photoshop》《UI设计师养成记·零基础学Illustrator》两本书开始学习。以下简单介绍Photoshop和Illustrator的功能。

2.1.1 Photoshop 的功能

Photoshop简称"PS"，是Adobe公司旗下最著名的图像处理软件之一。Photoshop的主打功能是图像处理，具体包括图像编辑、图像合成、校色调色与特效制作等功能，可输出标量图像。Photoshop主要应用于广告摄影、界面设计、后期修饰等领域。2018年10月发布的Photoshop CC 2019为最新版本，如图2-1所示。因其强大的图层处理功能和丰富的图形效果，Photoshop在UI设计中多用于完成界面布局和装饰元素的设计。

2.1.2 Illustrator 的功能

Illustrator简称"AI"，是Adobe公司旗下应用于绘制和输出标准矢量插画的绘图软件。Illustrator主打功能是图形处理，软件包含丰富的图形绘制工具，主要应用于图形设计、绘制插画、文字处理等领域。由于输出的是矢量图形，Illustrator软件在印刷制品设计领域也获得了广泛应用。2018年10月发布的Illustrator CC 2019为最新版本，如图2-2所示。因其强大的钢笔工具和图形处理功能，Illustrator在UI设计中多用于完成图标和插画的设计。

图 2-1　Photoshop 启动界面

图 2-2　Illustrator 启动界面

2.2 UI 设计风格的演变

　　设计行业是始终走在潮流前沿、不断创新的行业，没有绝对的边界，设计可以是理念与观念的冲突碰撞，也可以是元素的多元化融合。优秀的设计作品是设计师的审美能力与创新能力的展示。对于初涉设计行业的人来说，了解、研究 UI 设计以往及时下所流行的设计风格是入门阶段的必修课。通过对设计风格的学习，初学者可掌握 UI 设计风格的演变情况，了解流行趋势，从中获取灵感，借鉴并应用到所设计的作品之中。设计风格具有一定的时代性和文化特性,往往会受到时尚潮流、科技发展、社会热点等多重因素的影响。从整体的发展趋势上看,UI设计主要划分为拟物化风格和扁平化风格,其他风格或多或少都是这两种风格的变形和演化。

2.2.1 拟物化风格

拟物化风格是指为界面中的元素、功能寻找隐喻,模拟还原真实事物,并以隐喻实体的形式进行展现。如图2-3所示,APP图标是典型的拟物化设计,将相机APP的图标设计成真实相机的样式,唤起了人们对胶卷相机的回忆。拟物化设计采用隐喻手法,以人们所熟知的实物形象来提升界面元素的亲切感,使用户准确识别并理解产品功能。拟物化设计的风潮由苹果公司带动,广泛应用于iOS 7系统之前的操作系统中。

拟物化风格形象突出、辨识度高,尤其对初次使用电子产品的人来说,拟物化设计更直观有趣。但随着数码科技的发展与普及,UI设计的需求量逐渐增大,因此需要面对开发成本增加、审美疲劳等问题,拟物化风格的主导地位逐渐被更简约的扁平化风格所取代。

图 2-3　拟物化界面设计

2.2.2 扁平化风格

扁平化风格是继拟物化风格之后兴起的UI设计风格。扁平化设计去除冗杂的装饰元素,只保留特征元素并以平面形式加以展现。这种风格意在削减装饰的重量级,突出界面核心内容,与追求简约的审美观念相契合。2013年iOS 7系统采用扁平化设计风格后,其迅速取代传统的拟物化设计风格,到目前为止,扁平化设计风格依然是UI设计的主流风格。Windows的Metro风格、Android的Material Design风格、iOS 7系统的风格都属于扁平化设计风格。扁平化风格也广泛应用于PC端网页的界面设计中,如图2-4所示。

图 2-4　扁平化界面设计

2.3 具有持续学习的能力

归根到底,设计师的核心竞争力是其出色的设计能力。对于初涉UI设计行业的人来说,设计能力的积累应从基础的观察、临摹作品做起。对成功设计作品进行分解学习,研究作品的配色方案、布局排版、字体设计、光影协调等方方面面的要点,通过不断地临摹学习积累设计基础。在这一过程中,设计人员应发挥主观能动性,临摹的同时不断融入自身的设计想法,逐渐从临摹学习转变为自主创作。临摹学习一般从多看、多练、多想等方面入手。

(1)多看

"看"是一个挑选的过程。临摹研究的对象要选择成功的、优秀的设计作品,将有限的精力集中在对优秀作品的学习上才能将临摹效果发挥到最大。以下分享参考价值较高的设计类网站,供学习借鉴使用。

站酷:中国知名的原创设计网站。站酷是不同行业的设计师发布原创设计作品、交流设计经验的平台。很多国内著名设计师在站酷平台上发布原创作品、分享经验,站酷已成为设计人才交流学习的重要平台。

花瓣:专注于设计素材的网站,收集了众多优秀的网络设计作品,是设计师寻找灵感的天堂。

Behance:国外优质设计平台。用于发布原创设计作品,包含众多设计领域的优秀作品,是寻找参考素材的网站。

Dribbble：国外优质的设计平台。注册 Dribbble 账号必须经过考核和老用户推荐，为平台的设计质量提供了保障。因此，Dribbble 的设计作品质量上乘，很多作品引领了设计潮流。

（2）多练

"练"是一个动手的过程。在确定临摹对象后，先要分析作品的整体结构和界面中运用的细节，然后模拟原作者的设计思维进行还原设计。对成熟作品进行逆向推演、还原设计步骤的过程是设计人员积累更多实用设计技巧和经验的过程。

● 整体结构

构思好设计作品的大致方向后，设计师首先要为作品搭建骨架，界面的整体结构就是支撑产品的骨架，也是整个界面的构图形式。如图 2-5 所示，我们可以用简单的几何形状勾勒出界面的整体结构，上图的 banner 图被分解为下图的 3 个版块。由此可推导出，设计师的设计思路是先将 banner 图分为 3 个视觉版块，再按重量级逐个进行内容填充。

图 2-5　界面设计的整体结构分析

● 细节分析

确定结构框架后要对细节内容进行分析。图2-5是一个"大数据"专题页面,传递的是科技感、数据化的视觉效果,在细节方面,设计师使用了彰显科技感的元素。例如,背景中发光的"数据环"、文字的科技感配色和装饰设计等。这些设计细节均可概括为点线面的设计形式,如图2-6所示。

图2-6　界面设计的细节分析

(3)多想

"想"是一个转化的过程。临摹不应仅是简单的描摹,还应伴随独立的思考,在临摹的过程中揣摩每个元素的用意,摸索背后的设计思路,多问"为什么"并寻找答案。在实际操作前,设计人员要揣摩作者的设计思路,沿着原有的思路和设计主题重新推导,按照前文总结的学习模式,在临摹中寻求改变和创新,最终形成一套风格相近但形式、细节有别于原作品的设计,如图2-7所示。

图 2-7　临摹效果

看、练、想共同构成了一次完整的临摹过程，在这个过程中我们把临摹中学到的知识转变为自己所能理解的设计方法，无论是技法还是想法，它们都将成为今后可以灵活运用的设计方法，这才是临摹真正的意义。

2.4 从现实中汲取灵感

灵感是设计师创作的源泉，现实生活可为设计师提供源源不断的灵感。设计师应具有善于发现生活中美好事物的能力，现实事物比虚拟事物的视觉引导性更强，应用于设计中的生活实物往往更能引发用户的共鸣。汲取灵感既是模仿现实事物的过程，也是对现实事物抽象化的过程，这一过程大致可分为简化提取和元素重组两个步骤。

（1）简化提取

简化是第一步，是对现实事物外观形象执行减法的过程。简化参照对象时，可削减细节等无关紧要的元素，但必须保留对象的显著特征，才能最大限度地保证对象的辨识度。如果完全抹掉现实事物的影子，那么模仿将失去意义。

对简化提取的有效元素进行一定程度的夸张、变形等抽象化调整，使提取元素在视觉上与现实事物有所区别，却又能被轻松地辨识出来。如图 2-8 所示，以左轮手枪的弹仓为模仿参照对象，经过简化、提取关键元素，最终形成右侧的简单图形。

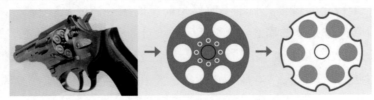

图 2-8　元素的简化提取

（2）元素重组

重组是在提取有效元素后根据界面内容进行组合布局，是执行加法的过程。在这一过程中，应对界面内容进行分块处理，并添加一定的装饰，注意兼顾元素与界面风格的和谐度。根据界面内容的要求，将提取的手枪弹仓简化图形进行整体的版式布局，图2-9形象地展现了如子弹般强有力的"一击即中"的教学优势。

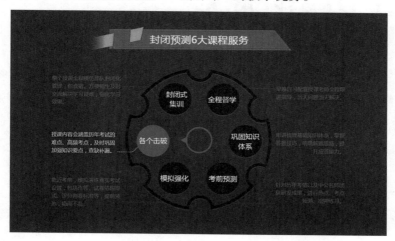

图 2-9　元素重组效果

2.5 以兴趣爱好为内驱动力

人们总是能在自己喜爱的领域走得更远，兴趣爱好是驱使个人职业发展的内驱动力。所有设计师的工作职责都可归结为创造，创造新的样式、新的形式，甚至是新的生活方式。优秀的设计师应始终保持对设计工作的热爱和专注，这种热爱体现在能从生活点点滴滴的细节中不断汲取设计灵感。设计师的热情会映射到作品中，将生活中感动自身的瞬间融入设计中，这就赋予了作品生活化的感染力。具有情感共鸣和感染力的设计作品往往是成功作品的必备特质。

即使面对千篇一律的设计任务，优秀的设计师也能始终保持对设计的热情，秉持高度专业的工作态度，在看似重复的工作中寻求细微变化，细微的改变和进步都是其设计的动力和源泉。优秀的设计师对待工作多采取始终如一的态度，因此工作热情也更为持久。

第3章
UI 设计原则

总体来说，UI设计是围绕优化产品功能展开的设计，其终极目标是不断提升用户体验，提供便捷、易操作的产品交互，帮助用户完成操作任务。在UI设计实践中，逐渐形成了一些通用性的设计原则，这些设计原则有助于提升产品的适用性，打造用户满意度高的产品。

3.1 简单清晰

基于互联网用户群体庞大、年龄跨度大、对新事物认识和接受程度不一等分化严重的特点，只有简单、易用、好用的产品才能在激烈的市场竞争中突出重围，受到众多用户的青睐。

（1）页面重点突出

页面应重点突出、主题明确，避免页面中出现与用户决策和操作无关的干扰因素，保证用户能快速理解并完成操作。在以任务导向为主的页面中，这一原则尤为重要，用户能专注、快速地完成任务是页面的核心目标。图3-1为CTS网页登录页面，页面重点突出、主题明确。页面中"请输入账号""密码""验证码"提示了用户输入的内容，页面整体使用的是冷色系；只有登录按钮使用了暖色系，通过冷暖色的对比，突出显示"登录"按钮，吸引用户的注意力。

图 3-1　CTS 网页登录页

（2）页面简洁清晰

　　界面设计应考虑大脑处理信息的能力，人脑能处理、识别并判断的信息是有限的，阅读时被打扰、打断都会影响人们对信息的处理。因此，界面设计应去掉可有可无的功能装饰和冗余的文字，以减轻用户的阅读负担。可通过删除、隐藏次级信息，营造简约、清晰的页面环境，使用户将注意力集中在所做之事上。如图3-2所示，导航隐藏功能隐藏了次级分类列表，只有在用户需要时点击才予以显示。例如，用户点击了"公务员考试"的隐藏箭头，页面会对应出现公务员考试分类下的相关内容。在保障简洁的同时，页面的结构也更为清晰，用户不容易出现误操作。

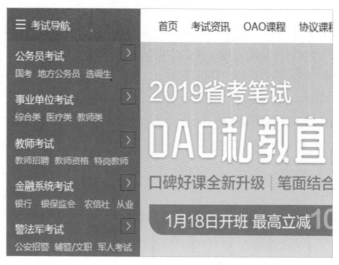

图 3-2　导航隐藏

（3）引导信息明确

　　页面引导信息应明确清楚，为用户提供必要的行动指引和提示信息。导航类似于地图，应简洁准确，必须对用户"当前所处位置""下一步可以去哪里""如何回到上一步"等问题给出准确的回复。如果出现零状态界面或程序错误等情况时，页面也应提供及时准确的引导提示，避免用户产生疑惑。图3-3是中公网站导航栏，采用面包屑导航方式，用户可清晰地知晓自身所在的位置，并可快速地回到导航栏显示的任一页面位置。

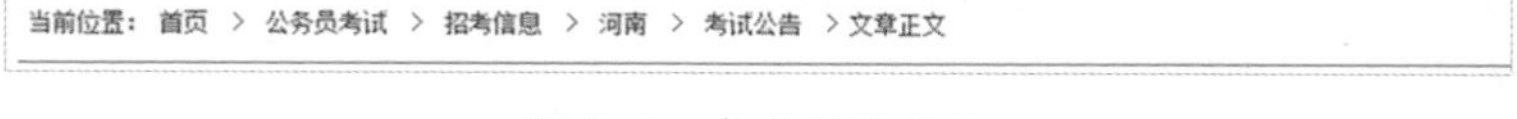

当前位置：首页　>　公务员考试　>　招考信息　>　河南　>　考试公告　>　文章正文

图 3-3　中公网站导航

（4）功能描述一致

　　页面中的功能性描述应与实际操作情况一致，符合用户的心理预期，用户行为得到了肯定，会增强对产品的信任感、依赖感。一致性的实现应注意产品描述性用语的规范和准确。功能描述应保持唯一性，不宜使用多个相似词汇，如"新增与增加、删除与清除"等意思相近的词汇，容易引起用户的混乱。如图3-4所示，"立即报名""抢先学习"都有点击报名之意,从字面上无法判断点击后的差别,造成了用户的困扰。需要极力避免的是点击后出现页面与按钮表达意思完全相反的情况,由此会造成用户的操作障碍,影响对产品的体验感受。

图 3-4　功能描述不唯一

3.2 便捷高效

顺应现代社会快节奏、高效率的生活方式,为用户提供高效、便捷、有价值的功能和服务是现代产品设计的主要方向,而适中的响应时间、简化的输入步骤、反馈的及时准确等设计原则是打造高效便捷产品的关键。

（1）响应时间适中

在页面的响应过程中,等待时间的长短直接影响用户对产品的感受与评价。研究表明,用户能忍受的最长等待时间是6秒~8秒,超出这一临界值,用户的耐心就会受到挑战,大部分用户会跳出页面结束等待,甚至不会再使用该产品。另一方面,响应时间过短也不可取,如果1秒钟就完成响应过程,用户会产生没有响应的疑惑,或者造成用户操作节奏加快,更容易出现误操作。响应时间应适中,不宜过慢也不宜过快。2秒~5秒是较为恰当的响应时间,既在用户可忍耐的时间范围内,又能为用户下一步操作留足反应时间。

（2）转移注意力的设计

在实际的操作环境中,不可避免地会出现网络出错、服务器无响应等情况,为安抚用户的情绪,需要进行转移注意力的设计。通过加载有趣的小动画、插画,设置轻松的提示性语言转移用户的注意力,能缓解用户在响应过程中产生的负面情绪。如图3-5所示,采用雷达找信号的漫画表现网络出错的情况,使用户感到有趣又可爱,可转移注意力。

图 3-5　转移注意力

（3）减少用户输入

产品设计应着重考虑操作的高效便捷。删除多余的、不必要的操作，减少用户操作的步骤，能一步实现的操作切不可设置为更多步骤。在界面设计的过程中，UI设计师应掌握基本的交互原则，通过优化产品交互功能，设置快捷操作等方式，减少操作步骤，提高用户的操作效率和产品的可用性。如图3-6所示，在用户名文本框输入"W"时，页面会自动显示曾经输入过的与"W"相关的内容，用户可直接选择正确的信息，减少了重复录入的操作，提升了服务效率，这就是高效便捷的设计。

图 3-6　减少用户输入

（4）反馈及时准确

对用户操作给出及时准确的反馈是交互设计的重要内容，反馈信息主要分为以下情况：

一种信息反馈是对操作给出对应的效果反馈。例如，点击按钮触发操作后，为对象增添高亮、动画过渡等效果，通过操作对象前后两种状态的变化提供信息反馈，提示用户操作已经被执行。如图3-7左侧图所示，当用户将鼠标放在"贵州"图标上时，图标发生了高亮状态的变化，明显区别于其他图标，提示用户已成功选择"贵州"图标。

另一种信息反馈是帮助和提示性的反馈。例如，在用户出现需要操作提示或出现错误操作等情况时，产品应及时给出引导和帮助，帮助用户解决问题、完成任务。如图3-7右侧图所示，用户输入了错误的信息，页面给出"账号格式不正确"的信息反馈，明确告知用户存在的问题，根据提示修改信息，即可完成账户登录的操作。

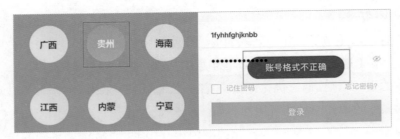

图 3-7　反馈及时准确

3.3 安全可控

安全可信赖是产品的核心构成要素。使用过程中会涉及用户个人信息、隐私内容、资金账户等安全性问题，产品务必提供足够的安全感给用户。产品设计应从保护用户安全隐私层面出发，结合最新技术，消除用户的顾虑，营造出安全可控、可信赖的产品应用环境。在尊重用户的同时，营造可信任的安全环境，使用户没有任何后顾之忧，可增强信赖感和用户黏性。

（1）数据脱敏处理

数据脱敏是一种常用的数据库安全技术，通过脱敏规则对某些敏感信息进行数据变形，实现对敏感隐私数据的保护。在用户填写账户密码、手机号、身份证号、银行卡号等私密信息时，对显示和输入过程进行脱敏处理，隐藏隐私信息的内容，为用户提供安全放心的应用环境。如图3-8所示，隐藏了红色框中的密码输入部分的信息，这就是最基础的数据脱敏处理。

图 3-8　信息脱敏

（2）安全保障提示

有知名度、信用度的机构企业的背书，也是提升产品安全性的一种有效方式，可快速打消用户的安全顾虑，还可提升用户对产品的信任。如图3-9所示，"中公教育安全保障中，保障你的用卡安全"的安全保障提示告知用户中公教育可以保证本次银行卡支付的安全性，基于对企业的信任，用户可放心无虞地完成支付操作。

图 3-9　安全保障提示

（3）二次确认设置

对于有危险性、不可逆的操作行为，产品应及时加以警示，设置二次确认操作。通过醒目的色彩、文字说明等提示内容，告知用户可能出现的后果和危险，避免造成不可挽回的损失。点击图3-10中的"解除绑定"按钮，页面会弹出红色框中的确认信息，说明解绑的后果。产品提供的二次确认提示，保障了用户看清提示和充分思考的权利。

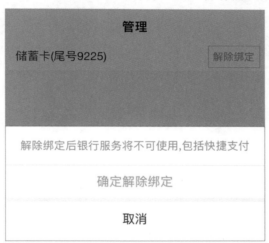

图 3-10　二次确认设置

（4）保障用户主导地位

从使用层面来说，用户拥有对产品的绝对控制权。我们可以给用户提供建议、帮助、警示，但无论任何情况都不能替用户做决定，应始终保障用户处于主导地位。对产品拥有完全、自由的掌控权可激发用户探索的兴趣，为持续的使用提供可能。图3-10中系统仅给出提示，说明解绑的后果，但并不强迫和控制用户的行为，"确定解除绑定""取消"的主导权永远掌握在用户手中。

3.4 无形的界面设计

优秀的界面设计是无形地融入产品之中的，存在于界面的细微之处，其外在表现形式丝毫不影响用户的信息获取和操作行为，但却可帮助用户快速识别信息、明确主题、完成操作任务。无形的界面设计主要体现在以下几方面。

（1）设计的一致性

界面视觉效果的统一规范是UI设计的基本准则。一致性原则贯穿于产品设计的全过程，在产品设计开发阶段，遵循一致性原则制定和执行的统一性的设计规范，能有效缩短开发时间、节省开发成本。在用户使用过程中，界面的一致性能提高产品的易用性，满足用户的心理预期；降低交互难度和学习成本，帮助用户快速理解和熟悉产品；有助于形成统一的设计风格，强化用户对产品的完整印象。在同一产品中应做到视觉、交互、效果的统一，其他设计原则应首先服从一致性原则。如图3-11所示，在颜色搭配、icon风格、图形元素等方面的一致性，使页面呈现出视觉上的体系感。

图 3-11　设计的一致性

（2）黄金分割

黄金分割是公认的可引发美感的比例关系。黄金分割指将整体一分为二，较大部分与整体部分的比值等于较小部分与较大部分的比值，比值约为0.618。黄金分割在LOGO设计、海报设计等众多领域获得了广泛认可。在UI设计中运用黄金分割，页面可呈现出更为赏心悦目、美观大方的视觉效果。如图3-12所示，左侧图形为依据黄金分割计算出的比例图形，中间图形是根据比例图形制作图标的过程，右侧图形为成品图标。图标的美观和谐是黄金分割在界面设计应用中的效果体现。

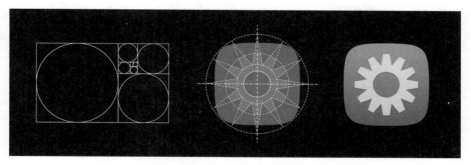

图 3-12　黄金分割

（3）六三一原则

六三一原则是常用的空间设计颜色搭配原则，具体的颜色配比为：主色占60%，辅助色占30%，点缀色占10%。在界面设计中，六三一原则可平衡界面整体的颜色配比，保障产品界面颜色的协调性。如图3-13所示，左侧图是产品中的主色、辅助色、点缀色，右侧图中图标的主色占了大部分，辅助色占据小部分，点缀色占更小部分。图标主次分明、和谐统一，颜色搭配符合六三一原则。

图 3-13　六三一原则

第4章 UI设计的视觉元素

4.1 字体设计

字体是文字的外在形式特征，字体设计正是创造这一形式特征的过程。

4.1.1 字体风格

字体风格主要由笔触决定，笔触指画笔接触画面形成的线条、色彩和图像。按照笔触的特点，可将常用的设计字体分为衬线字体、无衬线字体和手写字体。衬线字体和无衬线字体是传统的印刷体，电脑中的手写字体是一种模仿人手写效果的字体样式。

（1）衬线字体

衬线字体（Serif）是指文字笔画的两端有一定的装饰，且笔画粗细稍有变化的字体。常见的衬线字体有Georgia、Times New Roman、宋体。如图4-1所示。

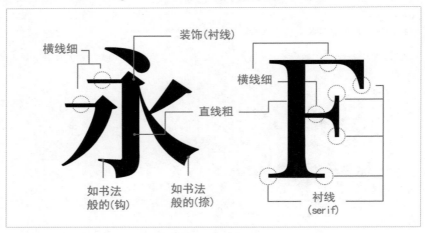

图4-1　衬线字体

（2）无衬线字体

无衬线字体（Sans Serif）是指文字笔画的两端没有装饰，笔画横平竖直并且没有粗细变化的字体。常见的无衬线字体有Verdana、Arial、黑体。如图4-2所示。

图 4-2 　无衬线字体

在界面设计中,衬线字体和无衬线字体经常同时出现。无衬线字体的构成简单,干扰因素少,通常用作标题字体。衬线字体的装饰元素较多,且在字号相同的情况下,衬线字体的视觉效果要比无衬线字体单薄,因此通常用作内容字体。如图4-3所示。

图 4-3 　衬线字体和无衬线字体的应用

（3）手写字体

手写字体是在字体的笔触、转折位置等方面模仿人手写字的效果。根据书写工具的不同,可将手写字体分为钢笔手写体、毛笔手写体和趣味手写体。在合适的场景使用相应的手写字体可起到传递不同情感、营造氛围的作用。

● 钢笔手写体

钢笔手写体是指模仿人手使用钢笔写字的字体样式。钢笔字讲究筋脉结构,注重转折时的力度,笔画转折关系清晰。如图4-4所示,常见的钢笔手写字体有华文新魏、方正楷体等。

钢笔手写体　　钢笔手写体

图 4-4 　华文新魏、方正楷体

● 毛笔手写体

毛笔手写体是指模仿人手使用毛笔写字的字体样式。如图4-5所示，常见的毛笔手写字体有管家润行、方正舒体等。

毛笔手写体　　毛笔手写体

图 4-5　管家润行、方正舒体

图4-6是中公教育外交部面试的专题页，banner的文案使用毛笔手写字体，图中毛笔字挥洒得淋漓尽致，渲染出文案的力量感和抢占先机的紧迫感。

图 4-6　毛笔手写体的应用

● 趣味手写体

除了常规的钢笔、毛笔之外，粉笔、油画棒，甚至树枝都可作为书写工具，这些工具具有独特的造型外观，写出的字体样式也千差万别。模仿、改造这类手写体可有效提升设计的趣味性。如图4-7所示，常见的趣味手写字体有站酷快乐体、方正粉丝天下体等。

趣味手写体　　趣味手写体

图 4-7　站酷快乐体、方正粉丝天下体

图4-8是公务员省考的宣传专题页，该页面在界面设计中使用了趣味手写体，增添了专题的娱乐性，搭配谐音字和活泼的配色，营造出轻松愉快的氛围。

图 4-8　趣味手写体的应用

4.1.2 字体变形

字体变形是指通过调整字体的笔触、棱角、韵律等构成因素，达到改变字体外观的效果。经过不同的变形，字体会传递多样的情感和表达效果，字体变形可发挥设计师的创造力。通过以下方法可制作出独一无二且足以表达设计概念的字体。

（1）笔划图形化

笔划图形化是指将字体笔划转化为图形。根据图形化程度的不同，可分为原有笔划变形和替代图形变形。

● 原有笔划变形

原有笔划变形并不会大幅度地改变字体样式，而是在原有笔划的基础上，对一个或多个笔划进行放大、缩小变形，可得到与之前不同的视觉效果。如图4-9所示，将"有料"的笔划进行提取和拆分，使文字的体块感更加强烈。

图 4-9　原有笔划变形

● 替代图形变形

替代图形变形是指利用图形或实物代替某个字或某个笔触，一般选择与文字含义相符的图形或实物，可更为直观地展现文案含义。如图4-10所示，左侧图以心形国旗元素替代"梦"字右上方的"木"字，代表中国梦；中间图以窗口图形替代"蹲"字中间的"酉"字，表现蹲式窗口；右侧图以禁止符号替代"限"字右上方的"日"字，表达限制、禁止之义。

图4-10　替代图形变形

（2）加法变形

字体的加法变形是指在原有字体效果的基础上添加某些装饰，但装饰不能随意添加，应在不干扰文字识别性的同时传递文案的主旨。

● 添加装饰元素

与替代图形变形极为相似，但添加装饰元素只进行加法变形，不会删减文字本身的笔划。如图4-11所示，左侧图在"戏"字的基础上添加了小丑的表情，形象地表达出嬉戏之感；中间图在"狼"字的基础上添加了狼仰天长啸的剪影，借助狼勇猛的形象传递出凶狠之义；右侧图在"思"字的基础上添加了一支钢笔，体现出书写与思考密不可分的关系。

图4-11　添加装饰元素的变形

● 添加装饰效果

添加装饰效果是指为文字添加3D、纹理、渐变等视觉效果，使文字更好地融入界面场景中。如图4-12所示，在不同场景中为文字添加相应的视觉效果，烘托出适合界面情景的氛围。

图 4-12　添加装饰效果

（3）减法变形

字体的减法变形是在原有字体效果的基础上删减部分元素，在不影响辨识性的同时使文字看起来更灵动轻盈。如图4-13所示，对第2行"逐"和第3行"助力"的笔划进行局部删减，表达出"角逐"的速度感。因人眼阅读的连贯性，小面积的缺省并不会干扰整体的阅读效果。

图 4-13　减法变形

4.1.3 字体变形案例

以如图4-14所示的中公教育选调生题库APP的启动图标为例，具体介绍字体变形的操作流程。

图 4-14　启动图标

01 打开Photoshop，新建一个512px×512px大小的画布，分辨率为72ppi，命名为"选"，如图4-15所示。

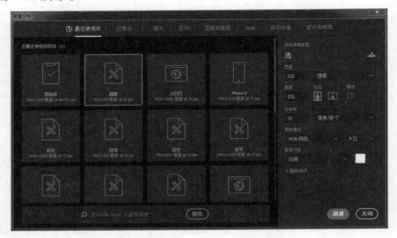

图 4-15　在 Photoshop 中新建画布

02 使用"文字工具"输入"选"字，选择"方正尚酷简体"，尺寸设置为364px，如图4-16所示。

图 4-16　输入"选"字

03 为方便修改，应将文字转换为形状。右击"选"字所在图层，在弹出菜单中选择"转换为形状"选项，将文字转换为形状，文字上出现可调节的锚点。如图4-17所示。

图 4-17　将文字转换为形状

04▶ 使用"直接选择工具"，框选并删除笔划"辶"，保留部首"先"。继续使用"直接选择工具"，选择图 4-18 中部首"先"的锚点①②③，将锚点①下移6px，锚点②上移10px，锚点③上移16px，形成图中左下侧的字体样式。

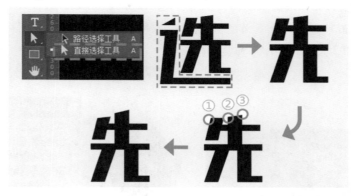

图 4-18　调整笔划

05▶ 使用"矩形工具"，绘制两个长方形，尺寸分别为72px×236px（竖）、356px×32px（横），分别与图 4-19 中标注的黄色辅助线位置对齐。

图 4-19　添加笔划

06▶ 绘制钢笔笔头。使用"多边形工具"，在边数栏填写5，宽度、高度均调整为120px。将图 4-20 中五边形的锚点①先向下移动18px，再向右移动6px；将锚点②向下移动18px，再向左移动6px，形成右侧图的五边形。

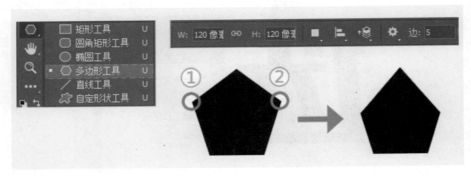

图 4-20　绘制五边形

07 为笔头绘制镂空形状。使用"椭圆工具",绘制一个30px×30px的圆形,放置于五边形内并居中对齐。再绘制一个12px×70px的长方形,与圆形相接并延伸出五边形,最后绘制一个90px×8px的长方形放置于笔头底部。如图4-21所示。

此时运用布尔运算,对交叉的圆形和长方形执行"合并形状组件"命令,合并后将生成的新形状与五边形执行"减去顶层形状"命令,即可得到一个完整的钢笔笔头图形。

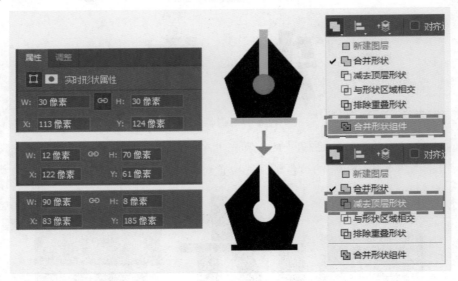

图 4-21　绘制钢笔笔头镂空形状

08 为图形添加背景,将钢笔笔头与文字拼合,并放置于一个尺寸为512px×512px、倒角为90px的圆角矩形上,添加色值为#ff2869—#ff5c5a、角度为60°的渐变色,形成如图4-22所示的效果。

图 4-22　添加背景

09 最后对笔头进行装饰设计。添加色值为 #ffa71c—#feffef、角度为 90° 的渐变色，最终形成如图 4-23 所示的效果。

图 4-23　笔头效果调整

4.1.4 字体的设计原则

在 UI 设计中，字体设计也有其必须遵循的设计原则。

（1）易读性

易读性是字体设计的基础，出色的文本设计常与高辨识度相关，清晰明了的阅读体验是文本设计的基本要求。任何设计手法和表现形式都不能影响文本的易读性，所有变形、改造、添加装饰都不能破坏文字自身的筋骨结构，如图 4-24 所示。文本一旦缺乏辨识性、可读性，也就失去了存在的价值。

优就业 优就业 优就业 优就业

图 4-24　字体的筋骨

（2）统一性

字体设计的统一性主要是指字体内部韵律的统一、字体与大环境之间的统一。

● 内容统一

一套字体中的每个字都应遵循统一的书写规律，这是系列化的基本要求，也是成千上万的字组成一套字体的基本要求。如图4-25所示，"深交所上市"五个字使用了苍劲有力的毛笔手写体，通过风格一致的笔触营造出气势磅礴的氛围。

图 4-25　字体的统一

● 环境统一

UI设计中，背景环境与文案字体相辅相成，共同营造设计氛围和界面情境。为场景挑选合适的字体是设计师必须具备的能力。图4-26所示，2018年省考状元在此的专题页中，上图选择了苍劲有力的毛笔字体，与背景相融合，传递出胜利的喜悦感。而下图使用了纤细的字体，字体单薄无气势，与背景环境格格不入。

不同风格的字体会带来完全不同的视觉效果和心理感受。在设计过程中，设计师应结合设计理念和界面场景，选择与主题、背景相契合的文本字体，充分发挥界面元素相映成辉的作用。

图 4-26　同一背景中不同字体的效果

（3）美观性

美观性是界面设计和字体设计追求的永恒主题。通过形式韵律、色彩搭配、版面均衡等方面的设置实现赏心悦目的视觉效果，使作品向更精致、完美的方向靠拢。

● 笔画的韵律感

笔画是指组成汉字且不间断的各种形状的点和线，是构成汉字字形的最小连笔单位。如图4-27所示，普遍认为汉字的基本笔画分为横、竖、撇、捺、点、折6种。在汉字的结构安排和笔画构成上应注意搭配的韵律感，遵循横平竖直、撇短捺长等通用的书写原则。

图4-27 汉字笔画

● 配色的创意性

注重颜色搭配及变色效果，能提高界面的整体代入感和展示效果。如图4-28所示，界面的文本变色方式分为纯色、突出词语变色、渐变色和局部变色，其中局部变色所衍生出的样式种类多样。在UI设计中，根据界面主题和设计风格选择恰当的颜色搭配方案，可有效地突出主题、融入设计环境。

图4-28 文本配色

● 排版的均衡性

文字排版应考虑界面布局的均衡性。常用的布局方式是文本对齐，任何一种对齐方式都具有一定的视觉引导性。按照同一方式对齐可增强文本间的关联性，在视觉上形成自然分区的效果，实现更顺畅的阅读体验。如图4-29所示。

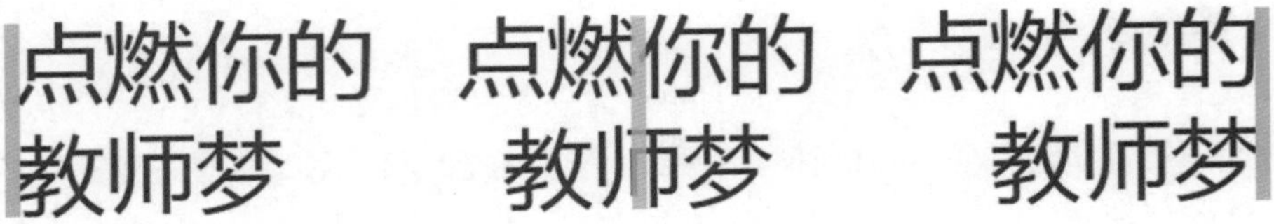

点燃你的
教师梦
点燃你的
教师梦
点燃你的
教师梦

图 4-29　文本对齐方式

(4)创新性

在设计领域创新尤为重要，创新性是产品吸引眼球、脱颖而出的关键。字体创新设计赋予了文字新的外观形式，主要表现为视觉传递效果方面的创新。创新字体时要注意把握好与设计主题相契合的创新方向，并保证文字的可识别性，从字形、配色、排版效果等角度寻求突破和创新。如图4-30所示，在上海招警考试专题页中，以具有力量感的立体字为基础，同时赋予字体金箔质感，传递出人民警察庄重有力的威严感；以红色蝴蝶结点缀“礼”字，既表现了礼包的意义又起到突出强调作用，视觉上形成了反差萌。

高效备考之
2018年上海招警考试
警察学员
上岸助力礼包

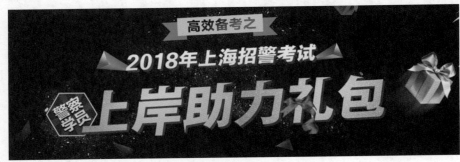

图 4-30　字体创新设计

4.2 图形设计

图形可以理解为一种符号，其含义会随着自身形状和使用场景的变化而产生相应的变化。图形设计主要针对图形的形状变化、构图方式、场景应用等方面进行设计。Photoshop形状工具将图形分为矩形、圆角矩形、椭圆形、多边形、直线、自定义图形6种，基本囊括了设计中常用的基础图形。

4.2.1 图形样式和使用场景

图形一般分为平面图形与立体图形，而根据图形摆放位置和使用意义的不同，又可分为装饰性图形和功能性图形。

(1)平面图形

平面图形是指所有组成点都在同一平面的图形。平面图形被广泛应用于UI设计中，因其不仅有装饰作用，还有区分版面模块的效果，具备较强的阅读引导性。

● 装饰性平面图形

顾名思义，装饰性图形在界面中主要起装饰作用，并不具备实际功能。起装饰作用时，平面图形多位于界面背景中，有充实画面和突出设计主题的效果，往往能营造出富有感染力的界面氛围。图4-31为优就业UI设计课程的报名界面，左侧图的广告标语使用拳头装饰画面，传递出"努力""奋斗"之意，与"提高薪资战斗力"的文案相呼应，拳头四周以撞色小圆点填充画面以达到视觉平衡效果，使界面整体效果更为充实而有力。

图 4-31　界面背景中的装饰图形

专题页面的头图位置是最常见的装饰图形位置，UI设计师经常选择使用变形、渐变色、阵列等方式绘制符合专题主题的头图风格。图4-32为中公教育2018国考面试的专题头图，在背景中平铺了撞色、渐变的圆形，彰显出简约大气的页面风格。

图 4-32　头图背景中的装饰图形

● 功能性平面图形

有些图形在网页中承载着一定的功能，这些功能或用于交互，或用于展示详细信息。

可交互平面图形：网页中的交互形式多种多样，除点击之外还有多种触发方式，这些交互方式都可通过图形变化来实现。当鼠标滑过时，图形会发生放大、翻转、突出显示等多种形式的变化，并弹出对应的信息，完成交互过程。图4-33是滑过显示形式，页面默认只显示圆形中的内容，当鼠标滑过圆形时，页面会弹出文本框，显示内容为图中黄色区域的详细信息。

图 4-33　可交互的平面图形

数据信息图形化：大数据时代数字信息可视化备受瞩目，如何将复杂的数据信息化繁为简地展现给用户是UI设计师的思考重点。信息图形化如何成为数据类信息的重要设计形式，利用样式变换灵活的图形展现抽象数据的对比和变化，使数据信息的接收、理解变得更为简单、形象和高效，如图4-34所示。

图 4-34　信息图形化

（2）立体图形

立体图形是指组成图形的各个点不在同一平面上，在设计中经常使用立体图形来营造空间感。UI设计中的立体图形是二维空间的立体图形，并不是实际存在于三维空间的立体图形。

●装饰性立体图形

立体图形比平面图形更写实,因此传递的信息也更真实形象。如图4-35所示,在中公教育福利包专题头图中,通过立体的礼包和金币图形的设计,形象地突出了送福利的活动主题。

图 4-35　装饰性立体图形

●功能性立体图形

如图4-36所示,在页面中使用立体图形进行内容展示,通过仿真建筑、楼梯等立体图形展示出逼真的视觉效果,打造沉浸式的体验。

图 4-36　立体图形

4.2.2 图形的设计原则

图形的变化性极高,且组合灵活,将其拆分、重组都能产生新的样式,页面图形的设计应遵循以下原则。

（1）易于解读

图形清晰准确、易于解读是设计的首要原则，这对承载一定交互功能的图形尤为重要。如果功能性图形的内容不能被用户准确解读，那么极易误导用户的操作，产生不良的交互体验。

（2）符合预期

符合用户心理预期是设计的重要原则。从设计层面来说，如果一个图形被设计成按钮的样式，那它必须具有点击功能，符合用户对按钮可点击的心理预期，否则会引起用户困惑，影响正常操作。

（3）降低干扰

降低干扰、遵循设计规范是设计的重要原则。如果装饰性图形背离了装饰的设计初衷，具有可交互的外观设计，便超出了自身的定义界限，违背了产品界面设计的规范，反而可能成为干扰性因素。

（4）新颖美观

新颖美观是对图形设计的视觉要求。美观简约的图形可带来舒适的视觉体验，新颖的设计构思能使页面脱颖而出，加深用户对产品的印象。

（5）统一风格

界面设计具有自身的风格，图形设计是界面整体风格的重要组成部分，因此设计师在设计图形样式时应选择与界面主题相统一的设计方向，传递统一的视觉风格。

4.3 图标设计

图标是具有明确指代意义的计算机图形，包含一定的交互内容，用户通过点击操作进行交互，从而获取更多信息。

4.3.1 图标的设计风格

随着界面设计风格的不断发展演变，图标设计风格也在不断地推陈出新，衍生出类型多样的设计风格，以下主要介绍3种特点鲜明的图标设计风格。

（1）剪影风格

剪影风格图标通过对物体轮廓提炼而形成的抽象简化的图标风格，通常忽略事物的细节而注重形态的展现。常见的剪影图标有线性风格图标、块状风格图标，如图4-37所示。

图 4-37　线性风格图标、块状风格图标

（2）拟物化风格

拟物化风格是iOS 7系统上市前流行的设计风格。在平面图形的基础上模拟真实事物的光影效果与材料质感，是具有视觉冲击力的设计风格，适用于较为写实的界面设计。如图4-38所示。

图 4-38　拟物化风格图标

（3）扁平化风格

微软公司开创了扁平化风格，iOS 7系统则掀起了扁平化风格的设计热潮。扁平化风格的设计理念是摒弃一切装饰效果，在剪影风格图标上叠加简单的光影效果，强调元素之间的空间感。扁平化风格适用于简约化、具有现代感的界面设计。扁平化风格类型多样，MBE风格、强投影、轻折叠、插画风都属于扁平化风格。如图4-39所示。

图 4-39　扁平化风格图标

4.3.2 图标制作方法

图标看似简单，但绘制过程却饱含设计师的思考和创意。切勿使用钢笔工具等直接勾画绘制图标，这种方式绘制的图标形状不够标准，建议使用布尔运算绘制标准的图标。

（1）布尔运算

布尔运算是由几何数学中的逻辑推演法演变而来的。Photoshop的布尔运算包含合并、减去、相交和排除4种基本操作，如图4-40所示，运用布尔运算对两个相交图形进行操作，可形成标准的新几何图形。

图 4-40　布尔运算工具菜单

（2）图标制作案例

以下将以图4-47中最右侧的音符图标为例，具体讲解图标的制作步骤。

01 打开Photoshop，新建一个512px×512px大小的画布，分辨率为72ppi，命名为"音符"。如图4-41所示。

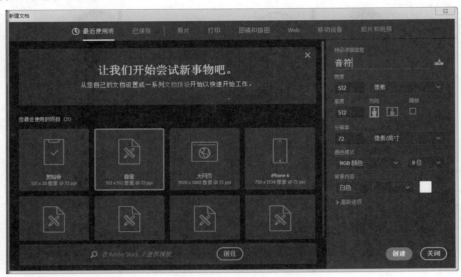

图 4-41　在 Photoshop 中新建画布

02 新建一个图层，绘制一个512px×512px大小的圆形作为背景。填充色值设置为#ff806b-#ff4b4b的渐变色，得出如图4-42所示的图形。

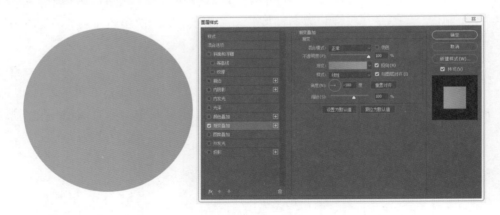

图 4-42　绘制圆形并填充渐变色

03 绘制音符的主体。绘制一个60px×300px的圆角矩形，设置圆角为30px。在圆角矩形底端绘制一个160px×130px的椭圆形，执行"编辑>自由变换"命令，将椭圆形旋转-15°，得到如图4-43所示的图形。

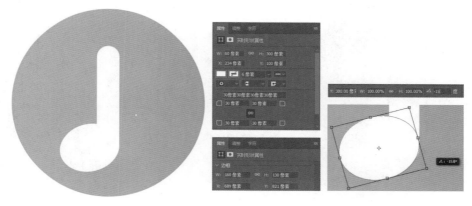

图 4-43　绘制音符的主体

04 绘制音符的"小尾巴"。绘制一个230px×230px的圆形，与圆角矩形居中对齐并顶端对齐后，将圆形向左平移20px，再向下平移20px。随后右键单击圆形图层选择"复制图层"，复制一个圆形。为方便查看遮挡效果，可将其填充为红色，将红色圆形向下移动50px，得到如图4-44所示的图形。

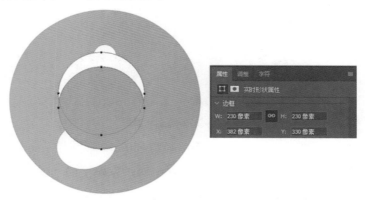

图 4-44　绘制音符的"小尾巴"

05 使用"直接选择工具"，选中红色圆形的路径，执行【Ctrl+X】剪切命令，剪切红色圆形图层。继续使用"直接选择工具"，选中白色圆形路径，执行【Ctrl+V】粘贴命令，将两个圆形路径粘贴至同一图层。使用布尔运算工具，先执行"减去顶层形状"命令，得到如图4-45左侧图所示的形状，再使用"合并形状组件"将两个路径合并为一个路径。

执行完上述步骤后得到了一个倒月牙形状，再画一个能够覆盖左半部分的圆形，继续执行"减去顶层形状"命令，删掉月牙形状的左半部分，得到一个完整的"小尾巴"形状，如图4-45右侧图所示。

图 4-45　绘制音符的"小尾巴"

[06] 绘制3个圆形，圆形尺寸分别为230px×230px、100px×100px、80px×80px。将100px×100px的圆形与圆角矩形的左边相切，其他两个圆形分别排列于两侧，80px×80px的圆形与"小尾巴"部分相切，形成如图4-46所的图形，注意蓝色圆圈标出的两点应相交。

图 4-46　绘制三个圆形

[07] 按照图4-47的顺序，将80px圆形路径与100px圆形路径粘贴至同一图层，执行"减去顶层形状"命令，将得到的新形状与230px圆形粘贴至同一图层，执行"与形状区域相交"命令，得到图4-47所示的图标成品。至此，使用布尔运算完成了一个形状标准的音符图标，最后执行【Ctrl+S】保存操作。

图 4-47　布尔运算顺序

4.3.3 图标的设计原则

界面中的每个图标都可以看作一个交互模块，图标既要具有功能性，又要兼顾美观性,应与界面整体设计风格保持一致。图标设计应遵循以下原则。

（1）可识别性

可识别性是图标设计的基本原则。为了使用户在众多的图标中快速准确地找到目标图标,图标设计应考虑用户的心理预期,选择与功能关联强的元素作为图标设计的基础图形。在没有参考释义的情况下浏览图标,用户凭本能即可大致判断出图标功能。点击的误差越小,说明图标设计越符合用户的心理预期。

（2）统一性

同系列的图标、同一页面中的图标应具有统一的设计风格,包括视觉风格和功能特征的统一。

● 视觉风格统一

视觉风格统一也就是设计风格统一,统一主要体现在颜色、样式、视觉元素等多方面。视觉风格统一会使图标形成系列化的视觉观感。如图4-48所示。

图 4-48　视觉风格统一

设计风格混用会破坏图标的平衡统一,造成视觉上的割裂。一套图标应尽可能使用相同或相近的设计风格,当同一级别的图标使用不同风格时,块面感较重、真实感较强的图标会呈现级别更高的视觉效果。例如,块面图标的视觉重量级要高于线形图标,拟物化图标的视觉重量级要高于扁平化图标。

● 功能特征统一

图标的功能特征统一是指采用行业内约定俗成的图形样式来设计具有相同意义的功能图标。在长期使用线上产品的过程中,用户的某些认识被固化了,久而久之形成了行业内相对固定的功能图标的图形样式。如主页图标一般是房子的形象,设置图标一般是齿轮的形象。如图4-49所示,"返回"是左向箭头图标,"搜索"是放大镜图标,"首页"是房屋图标。这些图标是目前公认的系统功能图标,也是被用户广泛认可和使用的图标,因此无需再进行单独设计。使用功能特征统一的图标能有效地提高产品操作的便捷性。

图 4-49　系统功能图标

（3）协调性

协调性是指图标与使用环境的协调,也就是与界面风格的和谐统一,主要体现在配色、线面、写实度等方面。如果界面风格偏扁平化，便不宜在界面中添加拟物化图标。图4-50为一个深色的扁平化风格界面，界面中使用了扁平化图形，因此图标也应选择扁平化风格，可适度添加渐变蒙版，使图标与界面风格协调一致。

图 4-50　图标的协调性

（4）差异性

一个网页会包含多个图标，这些图标大小相同、风格相近甚至外观也极为相似。为减少用户在辨别图标上花费的时间，设计师在统一设计风格的同时，应注重图标间的个体差异，每个图标都能表达自身功能的独立含义，而且在外观上应存在一定的差异性。适度加大一个系列中个体图标的差距，也是增强图标识别性的有效途径。

（5）创意性

饱含情感和创意的设计是富有吸引力和生命力的产品。图标的创意体现在视觉效果和元素提取上，在准确清晰表达的基础上添加创意性的设计，为冗长枯燥的内容添加有趣的装饰图标，能够增强界面的活力，提高用户阅读的意愿。如图4-51所示。

图 4-51　创意性图标

4.4 按钮设计

按钮是可点击并能触发跳转、弹窗、选择、打开等功能的控件。按照不同的分类标准，网页中的按钮可区分为不同的存在形式。

4.4.1 按钮的分类

（1）按功能形式区分

按功能形式区分，按钮可分为单选按钮、滑块按钮。

● 单选按钮

单选按钮是只能提供单项选择的按钮，用户只能选择一个选项。单选按钮具有4种状态：正常状态、悬停状态、点击状态、禁用状态。以图4-52为例，具体说明按钮的不同状态。正常状态是未被点击时按钮的正常显示状态，此状态的颜色为基础色；悬停状态是鼠标放在按钮上的状态，可选择与正常状态差别不大的颜色；点击状态是鼠标点击按钮时的状态，可选择更加聚焦的颜色；禁用状态表示按钮暂时不能使用，在网页中默认使用灰色系的颜色，一般选择#999999的颜色。

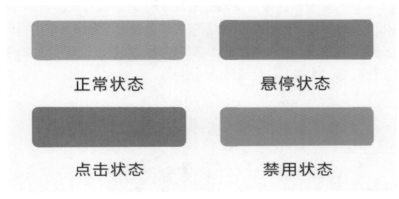

图 4-52　单选按钮的状态

● 滑块按钮

滑块按钮即模拟滑动模块形式的按钮，滑块按钮包含两个对立的选项，或可在一定区间内进行数值调节，如图4-53所示。滑块按钮在手机端的界面设计中较为常用，在PC端多用于设置页面。

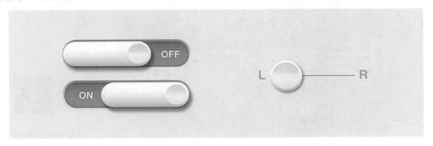

图 4-53　滑块按钮

（2）按设计规范区分

按设计规范区分，按钮形式可分为标准按钮、自制按钮。

● 标准按钮

标准按钮是根据不同平台的标准设计的按钮。各个系统平台都有独特的按钮设计参考规范。很多平台会提供系统的标准按钮数据给开发商，以便更好地与平台界面设计适配。如图4-54所示，浏览器中自带的后退、前进和刷新按钮就是一种标准按钮，这种按钮被用户所熟知，具有较高的识别度，功能覆盖较为全面，用户体验反馈良好。

图 4-54　浏览器的标准按钮

● 自制按钮

自制按钮是指设计师根据界面、功能需求自行设计的按钮。随着交互设计的发展和产品个性化需求的增加，开发商提供的系统标准按钮已不能满足市场和用户的需求，自制按钮的应用日益广泛，用户体验也在稳步提升。自制按钮富有创意，视觉效果良好，备受用户青睐，已成为塑造产品风格的重要元素。如图4-55所示。

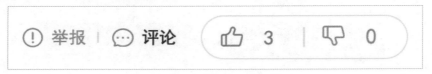

图 4-55　网页中的自制按钮

（3）幽灵按钮

幽灵按钮是2014年开始流行的按钮设计理念，因设计的透明感、空灵感被称为幽灵按钮。幽灵按钮通常是中空的，只包含边框和文本内容，中空属性决定了按钮设计尺寸应足够大才能抓住用户眼球。幽灵按钮适用于极简风格、扁平化风格的网页设计，图4-56中红框部分为幽灵按钮。

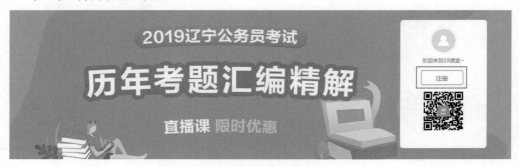

图 4-56　幽灵按钮

关于幽灵按钮，用户评价褒贬不一，其优缺点如下：

●幽灵按钮的优点

幽灵按钮的绘制简单，整个设计过程更为轻松；幽灵按钮能突显界面的大气、美观；在视觉效果上，幽灵按钮的设计更为轻量，排版效果更为整齐。

●幽灵按钮的缺点

相对普通按钮来说，幽灵按钮缺乏聚焦感，被忽略的可能性更大；幽灵按钮的使用限制较强，适合的风格较少。

4.4.2 网页按钮的功能

按钮在网页中承载着重要的功能和作用。一个网页所能展示的内容有限，而按钮所具有的延展空间的特殊功能，为页面内容展示的质和量都提供了更多可能。

（1）提交功能

按钮是提交反馈的关键通道，用户通过点击按钮提交自身需求，系统接收需求并提供反馈，这就是一个交互过程。这一交互行为的实现依赖于按钮的提交功能。如图4-57所示，用户在输入姓名和手机号后，点击"登录"按钮即可完成一次需求提交。点击按钮触发的跳转、弹出等动作是系统对用户所需信息的反馈结果。

图 4-57 登录按钮

（2）说明功能

按钮具有说明功能，其自身包含的描述性文字是对所承载功能的说明，可引导用户操作，如按钮上的"查看""开始"等文字。面对按钮，用户有着本能的点击反应，按钮上的描述性文字直观简洁地说明操作功能，可提升交互的效率和准确性。设计师无需再花费时间和空间解释功能的来龙去脉，用户只需点击即可了解详情。

4.4.3 按钮的设计原则

在UI设计过程中,按钮是基本的交互控件,有其自身的设计原则。

(1)区分按钮的不同状态

按钮被点击才能触发,按钮的设计应传递出可点击的视觉效果。网页的按钮一般具有默认、滑过、选中、禁用4种状态。其中默认状态是按钮的初始状态,滑过状态是当鼠标滑过时按钮的状态,选中状态是执行点击命令时按钮的状态,禁用状态下的按钮是不可点击的,不具备交互功能。在视觉设计上应对这4种按钮状态加以区分,进行实时展示,一般使用不同的颜色标识。在操作过程中,通过按钮不同的颜色变化给予用户视觉上的反馈,如图4-58所示。

图 4-58　按钮的状态

(2)使用简洁的文字说明

按钮是用户浏览操作的关键媒介,一旦按钮不能准确描述自身功能,就会严重影响用户的使用体验,因此按钮的说明文字必须清晰、简洁、准确。如图4-59所示,在询问用户是否执行某项操作时,向用户提供两个与问题相匹配的对立且明确的选项,面对"是否取消订单"的问题,"是""否"的选项设置简短直接,可触发用户的第一反应。

图 4-59　按钮的文字说明

(3)摆放位置恰到好处

按钮的摆放位置也有一定的要求,一般将按钮放置于符合人眼阅读顺序的位置,这个位置就是当用户浏览网页需要点击查看时,按钮就自然而然地出现在那个位置。如图4-60所示,了解名师在"讲""练"方面的效应后,用户会产生了解更多的想法,图中"了解更多名师效应"按钮的位置摆放得恰到好处,顺应了逻辑和操作的顺序,满足了用户下一步的需求。

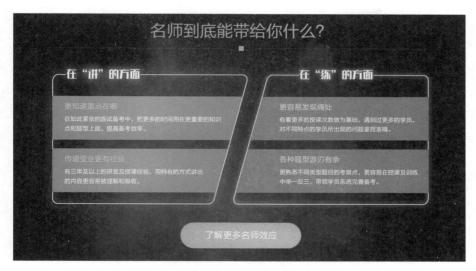

图 4-60　按钮的摆放位置

（4）注重层级，突出重点

从操作的重量级上来看，按钮比其他界面元素更重要，因此在视觉显示效果上应占据更大的权重，尤其是工具类软件、网页界面中。当界面存在多个按钮时，功能按钮的显示层级应处于首要位置。

● 视觉层级

在设计简洁的界面中，按钮视觉层级的提升可通过使用体块感较强的按钮，也可通过按钮颜色上的改变来实现。如图4-61所示，在以黑白灰三色为主的邮件发送对话框界面中，蓝色的"发送"按钮异常突出醒目，这正是利用色彩的视觉差异来突出按钮的层级，使用户更容易发现按钮的位置，为操作提供便利。

图 4-61　按钮的视觉层级

● 功能层级

在多个按钮并存的情况下,应对主要命令按钮和次要命令按钮进行区分,将有挖掘、推广产品功能的按钮设置为主要命令按钮,并应占据较重的视觉权重。如图4-62所示,页面存在两个按钮,而"去试试"按钮的颜色采用醒目的红色,其重量级要明显高于"取消"按钮。同理,可降低"删除""退出"等易引起误操作的选项按钮的层级,避免造成损失。

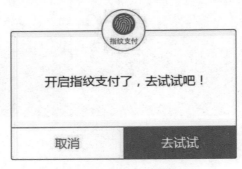

图 4-62   按钮的功能层级

第5章
版式设计的方法论

5.1 版式设计的概念

版式设计是视觉传达的重要形式，是技术与艺术的结合，也是现代设计从业人员必须做好的基本功。版式设计的概念来源于平面设计，是指将文字、图形、图像等元素在有限的版面内组合排布，以达到最佳的视觉效果。

界面的版式设计也遵循相同的设计理念，将杂乱的内容按照阅读逻辑有序地排列到页面中，使页面在视觉上变得更加清晰美观。区别于平面设计，网页以用户为中心，在版式设计上应更多地考虑交互和用户体验等层面的设计。如图5-1所示。

图 5-1　平面和网页的版式设计

互联网时代的网络信息量庞大且更迭速度快，碎片化阅读和浏览式阅读是互联网阅读的主要方式，用户仅凭第一印象就可决定是否继续阅览。可以说，页面的版式设计至关重要，页面的整体设计是否吸引眼球、引人入胜，页面各元素的排版布局是否符合逻辑，各信息版块是否划分明确等都是影响用户体验好坏的因素。优秀的版式设计不仅在视觉上有引导性阅读的作用，还可通过良好的视觉效果提升产品的点击率和价值。

5.2 版式设计的构成与方法

5.2.1 构成版面的基本图形元素

构成完整版面的基本图形元素可以归纳为点、线、面,文字内容也可以按照相同原理简化拆分为点、线、面。在构图过程中,作为基本设计元素的点、线、面相辅相成,共同构成了版面的布局,如图5-2所示。

图 5-2　基本图形元素

(1)点的功能

画面中的点并不局限于"点"的几何形态,所有占用面积较小的元素都可看作是点。点的使用十分灵活,既可以利用人眼阅读的连贯性构成连续性图形,又可利用自身体积小的优势填补空缺、完善版面来达到视觉上的平衡。

● 以点连线

在版面布局上,点与点可进行隐形连接,线化的点突出了页面内容的逻辑性。点通过规律、连续的排布可勾勒出页面的隐形阅读轨迹,在视觉上起到无形引导的作用,指引用户沿规划路线阅读。如图5-3所示。

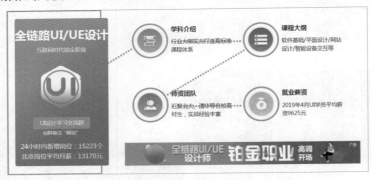

图 5-3　界面中起引导作用的点

● 平衡画面

点元素具备极强的装饰性,在填充版面空缺的同时也赋予了界面透气性,避免因元素排布过满造成版面的拥挤感。无论是在布局还是配色方面,点元素都承担着平衡画面的作用。如图5-4所示,多种样式的点元素分布在主题文字周围,在颜色上呼应了主题区域的颜色,在布局上起到平衡画面的作用,使页面整体呈现出均衡的视觉效果。

图 5-4　界面中起装饰作用的点

（2）线的功能

与点相同，画面中的线也不局限于"线"的几何形态，所有延展性、视觉连续性较长的元素都可看作是线。线是介于点和面之间的图形元素，在界面设计中主要起界定、分割画面的作用。线元素可直接串联界面中各视觉元素，比点元素具有更强的视觉引导作用。

线条类型是决定版面形象的重要因素之一，在版面中运用不同的线条可构建表达不同的情景和情感。如图 5-5 所示，直线的力量感较强，多用于表达果敢、决心等较为阳刚的情感；曲线的力量感偏弱，多用于表现轻松、舒适等较为柔和的情感。根据页面内容选择恰当的线条类型有助于视觉情感的表达和传递。

图 5-5　以直线、曲线为主的专题设计

（3）面的功能

面是由长、宽,甚至是视觉上的厚度组成的,是占用面积最大、视觉冲击力最强的界面元素。面是一个集合体,点和线的高密度集合都可看作是面。根据不同的构成原理,可将面分为标准几何面、自由形态面、有机形态面和偶然形态面。

● 标准几何面

标准几何面是由圆形、三角形、方形等标准几何图形构成的面。由标准几何图形构成的画面具有视觉严谨性,给人以干脆利落的视觉感受。这种直观、严肃的表达形式在科技类、新闻类、教育类网站的页面设计中应用较多。如图5-6所示。

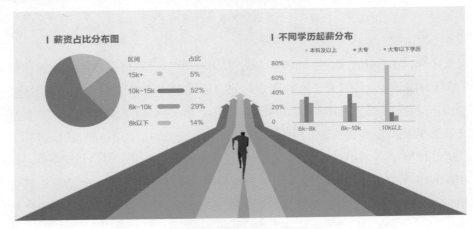

图 5-6　标准几何面构成的界面

● 自由形态面

自由形态面是将多种块面元素进行自由拼接而形成的面,拼接可以是有序的,也可以是无序的,如图5-7所示。面可以理解为是线移动的终结,在绘制一个面时,要先使用线勾勒出一个封闭的区域,再填充颜色形成封闭的面,因此面也延续了线的灵活性,既可以是直线的,也可以是弯曲的。多种形态的面采用拼接、交叉、叠加等方式将块面元素进行组合,形成具有艺术感的画面效果。

图 5-7　自由形态面构成的界面

●有机形态面

有机形态面是由生活中可见的真实事物形态构成的面，锅碗瓢盆、花草树木等实体形象都是有机形态面的素材。有机形态面具有一定的隐喻特性，通过生活中随处可见的实物形象，激发用户的想象和情感。如图5-8所示，通过话筒的实物形象，以及模拟声波的形态，营造出"公告解读"的感官氛围。

图 5-8　有机形态面构成的界面

●偶然形态面

偶然形态面的视觉效果是捕捉了某一偶然动作瞬间形成的画面，如喷水、泼墨、爆炸等动作的视觉效果。偶然动作的瞬间传递出美感和震撼的视觉效果，使界面具有较强的意境和视觉冲击力。如图5-9所示，以泼墨式的图形点缀围绕在主题文字周围，使画面更具灵动性。

图 5-9　偶然形态面构成的界面

5.2.2 版式设计的基本方法

（1）黄金分割法

古希腊数学家毕达哥拉斯最早提出了"黄金分割点"这一概念。黄金分割法又称为中外比，是指将一条完整的线段用一个点分为一长一短两个部分，其中短边与长边的比约为0.618∶1，长边与整条线段的比同样约为0.618∶1。除线段的黄金分割点外，还有黄金螺旋、黄金三角、黄金宫格等多种黄金分割法。

　　黄金分割比例是公认的最具协调性、韵律感与美感的分割比例，广泛应用于建筑、绘画、设计等艺术领域。意大利著名艺术家达·芬奇的《最后的晚餐》《蒙娜丽莎的微笑》等名作都采用了黄金分割法构图，《最后的晚餐》使用了黄金宫格分割法，《蒙娜丽莎的微笑》使用了黄金螺旋分割法，如图5-10所示。

图 5-10　黄金分割法的应用

　　在UI设计中，设计师同样要注重界面元素的比例关系，将重要内容放置于黄金分割的位置，同时还需考虑平台的设计规范。如图5-11所示，根据黄金分割法，在界面中相对较小且集中的区域展示"国考大揭秘"的重要内容。

图 5-11　界面中的黄金分割

　　图片的黄金分割可通过Photoshop实现。如图5-12所示，在Photoshop中选择"裁剪工具"，点击顶部工具栏的"网格"图标，弹出的下拉菜单中包含多种黄金分割比例的辅助线，可实现图片的分割操作。

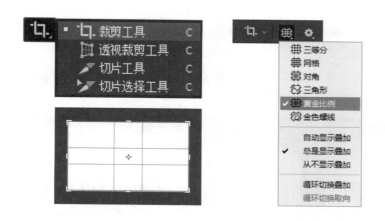

图 5-12　Photoshop 的黄金分割辅助线

（2）对齐

对齐使页面整齐规范，并在视觉上有划分区域的效果。采用对齐可更好地展示内容间的相关性，当页面出现多种对齐方式时，默认将采用相同对齐方式的内容归为一类。如图 5-13 所示，在网站列表页中主要内容列表与次要内容列表分布于页面两侧，均采用左对齐方式，但由于分布区域和对齐位置的不同，与位置①对齐的内容被认为是主要内容，而与位置②对齐的内容被认为是次要内容。

图 5-13　网页设计中的对齐

（3）采用相同元素

版式设计中，同一级别或相似权重的内容通常会使用相同的设计元素。这些设计元素可采用完全相同的设计，也可采用求同存异的设计。

●完全相同的设计

针对意义相似、类别相同的同类信息，可选择使用相同的设计元素和风格，既能体现页面的层级规范，又能使用户轻松地辨别出同类信息。如图5-14所示，六边形图标都是对中公教育"全栈工程师"课程的描述，采用风格统一的背景与图标设计，内容分类明确，形式整齐规范。

图 5-14　相同的设计元素

●求同存异的设计

在相同设计元素中突出差异是常用的设计思路。如图5-15所示，图标设计在沿用统一风格的同时也在寻求个体的差异性。在保持外部六边形相同的基础上，图标在填充色、设计符号上可进行差别化设计，体现了求同存异的设计思路。

图 5-15　求同存异的设计

（4）网格排版

清晰的网页设计背后都有支撑内容布局的网格系统，尤其是在门户类网站中，使用网格排版是十分必要的。按照网格数量划分，网格可以分为24、12、6、4、3、2、1等灵活而多样的构成形式，在这些布局的基础上，也可打破重组形成更多的网格布局形式。规则性与灵活性并存的网格排版使页面内容的排布整齐而灵动。如图5-16右侧图所示，优就业网站主页的网格布局形式规范而又不失灵活。

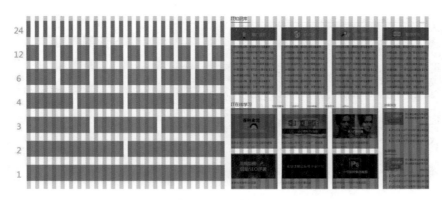

图 5-16　网格排版

（5）自由排版

自由排版是随意性比较大的排版布局方式。自由排版打破了传统网格布局的限制，看似无规律的组合方式赋予了版面更加灵动、轻快的气质，页面设计个性化十足。

- 图形自由排版

自由排版不等于杂乱无章，仍要保留内容的逻辑性，可通过体积对比、空间位置对比、颜色对比、清晰度对比等多种方式，突出主要内容，弱化次要内容，实现版面设计的引导性。如图 5-17 所示，页面背景中三大色块看似随意排布，实则通过颜色对比突出了主题，使用大面积的红色色块作为主题文字的主体色，通过左右两侧面积和色差相对较小的色块来平衡画面，将位于右侧的紫色色块置于红色主体色块的后方，形成空间上的前后关系，既达到了装饰效果，又不会抢主题的风采。

图 5-17　图形自由排版

- 文字自由排版

文字是版面设计的重要组成部分，其排版方式也影响着页面内容的呈现，自由排版的文字使页面更具有设计感。文字自由排版适用于多种风格的版式设计，应根据宣传重点、主题侧重点选择恰当的文字排版形式。如图 5-18 所示，左侧图为配色绚丽的活动专题，右侧图是极简的文字排版，两图分别使用了不同的字体、颜色、纹理及文字组合方式，呈现出风格迥异的视觉效果。

图 5-18　文字自由排版

（6）版面中的留白

留白是许多设计师钟爱的布局手法，留白不一定是纯白的，所有预留的空间皆可称为留白。留白赋予了页面空间感，起到了划分版块的作用。网页版式设计中恰到好处的留白能提升页面的视觉层次和呼吸感，简约又集中地展现页面内容。网页留白可分为整体版面留白和局部版面留白。

● 整体版面留白

整体版面留白可看作是版块之间的间距，按逻辑顺序将内容区域进行分隔，在视觉上起到辅助版面形成整体版式的作用。如图5-19所示。

图 5-19　整体版面留白

●局部版面留白

没有填充内容的区域都可看作是留白,可利用留白梳理内容逻辑和划分区块。局部版面留白一般采用标题与内容间留白较大,而内容之间紧凑排版的留白方式。如图5-20所示。

图 5-20 局部版面留白

（7）图版率

图版率是指版面中图片（图形或照片）面积与文字面积的比率,图版率越高表示图片在版面中的占比越大,图版率越低表示文字在版面中的占比越大。图版率直接影响版面视觉效果,是版面排版过程中必须考虑的问题。

●高图版率的版面设计

相对于大篇幅的文字内容,人们更喜欢图文并茂的版面设计。直击主题的图片与言简意赅的文字构成的版面更容易吸引用户注意力,高图版率的版面适合较为活泼的设计主题。如图5-21所示，针对图版率较高的网页布局，当页面有大面积留白时，使用白色以外的背景色是提高页面图版率的有效方法。

图 5-21　高图版率的网页布局

●低图版率的版面设计

低图版率的版面布局适用于以文字为主的页面，门户类、新闻类等内容严谨的网页多采用这种版面布局。图5-22为中公教育网站页面，因其内容的严谨性和知识性，不宜使用过多的图片装饰，低图版率的方式即可实现良好的学习效果。

图 5-22　低图版率的网页布局

5.3 版式设计的原则

为清晰、美观地表达页面的主题和内容，版式设计应遵循以下设计原则。

5.3.1 对称与稳定

将画面沿着一条无形的中线折叠后，构成元素全部重叠即为对称。在版面布局中，对称性与稳定性有着密不可分的关系，对称直接决定了页面的稳定性，但稳定性并不完全依赖于对称布局。所有版面都可归结为对称和不对称形式，绝对对称的版面会呈现稳定的视觉效果。如图5-23所示。

绝对对称的页面略显呆板，可通过其他装饰性元素来寻求对称中的变化，从而使页面达到平衡又不呆板的视觉效果。即使在构图不完全对称的情况下，利用颜色、元素布局也可达到页面的平衡与稳定，在视觉上使构图看起来更匀称，焦点不会过于偏向某一侧的内容。

5.3.2 对比与和谐

在设计过程中，对比与和谐是基本的版面设计原则。设计师会选择反差大的元素来实现视觉冲击，也会通过某些调和元素的使用构建界面的和谐性。

对比是将两个或两个以上差距较大的元素放置在一起形成强烈的视觉反差，这些元素存在风格、比例、色彩、含义等方面的冲突。如图5-24所示，在深色版面背景中使用鲜亮颜色的字体构成鲜明的反差，形成强烈的视觉冲击。

在对比中寻求画面和谐，但要避免因对比过度而造成审美疲劳。如图5-24所示，为了缓解颜色对比所带来的视觉冲击，在页面左下部分的内容区域设置装饰块，且降低了装饰的透明度，与头图装饰相呼应，实现了页面的和谐。

图 5-23　网页中的对称与均衡

图 5-24　网页中的对比与和谐

5.3.3 实与虚

古人将黑比作"实",将白比作"虚"。在现代版式设计中则以主要内容为实,次要内容为虚。设计要遵循虚实有度的布局原则,从视觉上形成虚实对比的效果,着重突出版面重点内容的展示。在网页设计中,我们经常利用虚实对比来实现交互效果。如图5-25所示,当鼠标滑过某一选项时,对应选项会通过突出显示来响应用户的操作,此时突出显示的为"实",而其他选项就成为"虚",形成虚实的视觉对比,为用户提供明确的反馈。

图 5-25　网页中的实与虚

5.3.4 一致与变幻

一致与变幻是形式美的基本原则,在版面设计中二者对立统一,形成了视觉上的跳跃感。

一致性可提升内容间的凝聚力,外观一致的内容会自动形成视觉的类别划分。图5-26是中公教育面试专业专项专题的多个版本,头图字体和版式设计的一致性使页面自然形成系列感。

变幻即变化,指版面元素的差异化设计。如图5-26所示,在保证头图字体基本一致的前提下,通过对字号、背景图片和页面主色调的调整,使页面具有一致性的同时又不乏个性。

图 5-26　网页中的一致与变幻

第6章
色彩搭配技巧

6.1 什么是色彩

色彩是由红、黄、蓝三原色组成,通过光的折射后被人眼所识别的形式要素。色彩分为有彩色和无彩色两大色系,有彩色系包含色相、纯度、明度三个基本特征,被称为色彩三属性。以下将具体介绍色彩的色系、属性以及设计原则。

6.1.1 色彩两大色系

色彩分为有彩色和无彩色两大色系,饱和度是判断颜色是否为彩色的标准,饱和度为0的颜色称为无彩色,其他颜色称为有彩色。

（1）无彩色系

无彩色系指只由黑、白两种颜色组合形成的黑、白、灰三色,灰色的深浅变化有很多种,如图6-1所示,白色到黑色之间的过渡色都是灰色。无彩色只有一种基本属性,即明度。白色是最亮的,因此是高调色;黑色是最暗的,因此是低调色。虽然没有其他色彩属性,但无彩色却是调节色彩的纯度与明度的关键。

图 6-1　无彩色系

（2）有彩色系

有彩色系通常被称为彩色,是指拥有颜色饱和度的色彩,红、黄、蓝、绿等都属于有彩色系,如图6-2所示。

图 6-2　有彩色系

6.1.2 色彩三属性

（1）色相

色彩依赖光而存在，由于光源折射产生的波长不同，传递出的颜色也不尽相同。色相即色彩相貌，作为区别颜色种类的标准，是有彩色系的最大特征。可将色相理解为色彩的名称，最基本的色相有红、橙、黄、绿、蓝、紫6种，在每两种颜色之间添加过渡色，可形成12色、24色、36色、48色的色相环。

在色相环中，根据角度规律可找到颜色对应的互补色、对比色等颜色。如图6-3所示，24色色相环中，以0°的蓝色为基色，相隔180°位置的红色是其互补色，相隔120°位置的黄色是其对比色，相隔90°位置的黄绿色是其中差色，相隔60°位置的绿色是其邻近色，相隔30°位置的蓝绿色是其类似色。

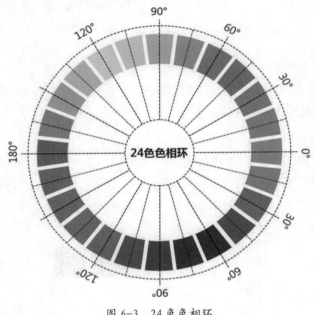

图6-3　24色色相环

（2）纯度

纯度也称彩度、艳度、浓度、饱和度，是指一个颜色的干净程度，表示颜色中所含同一有色成分的比例。如图6-4所示，含同一有色成分的比例越高，则色彩的纯度越高；含不同有色成分的比例越高，则色彩的纯度越低。6大基本颜色纯度最高，在其中加入黑白灰三色或其他颜色后，纯度会降低。加入其他色彩的比例越高，纯度就越低。当加入过多其他颜色后，色彩的色相会发生根本性变化，例如，将一小盒绿色颜料加入一桶蓝色颜料中，肉眼看到的颜色是蓝色。

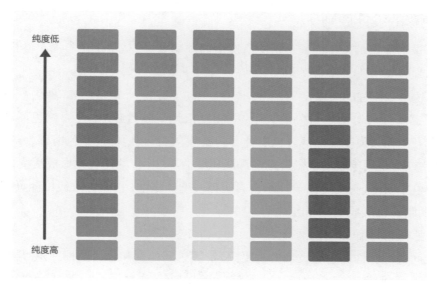

图 6-4　颜色纯度示意图

（3）明度

明度即色彩的亮度。有色物体在不同亮度照射下会产生颜色的变化。一个色相在强光照射下，人眼只能看到白色，而处于黑暗的环境中，人眼看到的则是黑色。色相随着光照的不同产生明暗变化。在同一环境中，越接近白色的浅色，亮度越高，越接近黑色的深色，亮度越低。如图 6-5 所示，亮度高的称为高调，亮度适中的称为中调，亮度低的称为低调；当两种颜色明度反差大时，称为长调；明度反差适中时，称为中调；明度反差小时，称为短调。

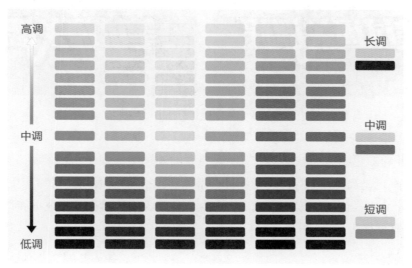

图 6-5　颜色明度示意图

6.1.3 色彩的设计原则

色彩设计注重的是不同颜色搭配所产生的预期效果，是基于色彩三属性相互调和、相互对比所形成预期的视觉效果。

（1）色彩三属性的关系

色彩三属性有着密不可分的关系，既相互依赖又各自独立，是影响色彩表现力的重要因素。色相是最明显的区分色彩种类的属性，它直观地传递颜色情感，掌控页面的风格方向；纯度是用于表现色彩鲜艳与深浅程度的属性，它辅助色相形成活泼、柔和、严肃等多种色彩氛围；明度是用于控制色彩明亮程度的属性，它能有效地拉伸页面的空间感，通过明暗对比形成视觉冲击。

（2）色彩的调和性

颜色间的调和性是色彩设计的重要内容，颜色间的调和分为两种：一种是色彩间的对比较弱时，页面看起来无趣、乏味、平淡，可利用有差别的、对比性强的色彩为页面添加明快、有节奏感的色彩设计；一种是色彩间对比较强时，页面出现刺激强烈、过分炫目的效果，可利用色彩在色相、明度、纯度上的组合搭配，赋予页面平衡和谐之感。

● 色相调和

在版面中大量采用色相相同的色彩，可增强版面的一致性。但如果色彩的色相过于单一，可能会造成单调乏味的视觉感受。为了增添版面的活力，可适当地使用色相环中的邻近色、对比色等色彩，进行页面装饰，如图6-6所示。

图 6-6　色相调和的网页配色

● 纯度调和

高纯度的颜色给人明快清新之感，低纯度的颜色给人厚重沉稳之感。如图6-7所示，左侧图颜色是高纯度的，有明亮炫目、刺激视觉之感，长时间注视易产生视觉疲劳。右侧图降低了背景色的纯度，主要信息的白色纯度保持不变，在区分页面层次感的同时，视觉效果也更为和谐、舒适。

图 6-7　纯度调和的网页配色

● 明度调和

明度的调和根据页面的前景、背景划分，背景内容多使用明度较低的颜色，前景内容多使用明度较高的颜色，前景与背景颜色构成明暗对比，拉伸出页面的空间感。应避免出现前景、背景都使用同一颜色明度的情况，这种颜色搭配极易造成页面内容模糊、层次感不强。当肉眼无法明确判断用色明度时，可将彩色画面转换为黑白画面，便于查看，如图6-8所示。

图 6-8　网页配色中的明度判断

（3）色彩的对比性

色彩对比多用于突出强调某一内容，利用色彩三属性的强弱对比关系构建画面色彩结构。使用颜色的属性差值越大，视觉冲击就越大，色彩调和搭配的难度也就越大。

● 色相差——冷暖对比

色相差可产生颜色的冷暖色调对比。色相环中颜色之间的距离越远，它们的色相差就越大，形成的视觉冲击力越强；反之色相差就越小，视觉冲击力也就越弱。如果同时使用互补色和对比色，页面配色会形成冷暖对比效果。暖色调的颜色包括红、橙、黄，冷色调的颜色包括绿、蓝。如图6-9所示，以冷色调作为背景底色，搭配大面积的暖色前景色，形成了视觉上冷暖色对比效果。

图 6-9　色相差对比

● 纯度差——艳素对比

纯度差可产生鲜艳和素淡的颜色对比。多种高纯度的颜色搭配易形成眼花缭乱的效果，在设计中一般采取高纯度和低纯度相结合的搭配方式，以低纯度颜色铺垫背景环境，再以高纯度颜色突出主体，形成更有张力的画面。如图6-10所示，以低纯度颜色作为背景色，主体部分使用高纯度颜色，将用户的视线集中在文字主题上，不会被过于明艳的背景装饰所干扰。

图 6-10　纯度差对比

● 明度差——明暗对比

明度差可产生明亮与暗淡的颜色对比。在版面设计中，明度一致的颜色搭配是很少出现的，尤其是在深色背景环境中，拉开颜色的明暗对比是常用的设计手法。如图6-11所示，在深色背景上添加光元素可加大明暗对比，营造出在黑暗环境使用聚光灯的效果，烘托"名师助力"的主题。

图 6-11　明度差对比

6.2 网页设计的配色技巧

配色是UI设计的重要环节,色彩搭配是设计师必须掌握的基本技能。协调适中的网站配色会给用户留下深刻的访问印象,而不恰当的配色则会降低用户的好感度。

6.2.1 确定基本色调

确定页面的基本色调有助于统一页面设计风格,确保页面视觉效果连贯一致。页面的色彩主要包括主体色、辅助色和环境色。

(1)确定页面的主体色

页面的主体色即整个网站的代表色,多与产品的LOGO使用同种颜色。用户一般会将网站的主体色调默认为品牌色,因此应在充分了解品牌内涵的基础上,选择符合品牌特性的网站主色调。主体色多应用于LOGO、选中样式、分割符号等可引起用户注意的重要元素上,也可应用于希望用户访问的位置处。如图6-12所示,中公教育网站的首页中主体色是LOGO所使用的红色,主要应用于页面的重要内容及按钮的选中状态上。

(2)确定页面的辅助色

除了主体色外,辅助色是页面最常出现的颜色。辅助色增添了页面色彩的丰富多样性,通常用于按钮、副标题等位置处,吸引用户前往点击。辅助色的选择并不简单,既不能盖过主体色的风头,又不能被淹没于网站内容中。图6-12中选取了纯度较低、明度较高的粉色和黄色作为辅助色,在突出内容显示的同时,又不会影响页面的主色调。

(3)确定页面的环境色

环境色即背景色,铺垫于内容之后,在营造阅读氛围上起重要作用。背景不可选用压倒性的颜色,否则会使背景前倾,影响前景内容的展示效果。背景色的色彩三属性应与前景色拉开差距,弱化背景色才能更好地衬托前景内容的浏览效果。如图6-12所示,页面采用纯白色作为环境色,将背景对内容的干扰降到最低。

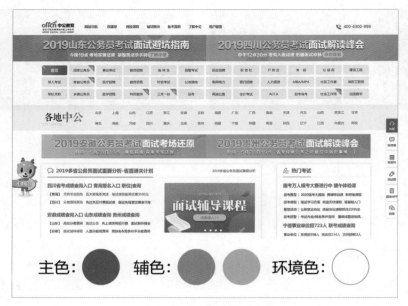

图 6-12　网页中的色彩搭配

6.2.2 掌握基本的配色设计

通过对优秀色彩搭配方案的分析,将色彩搭配的要点归纳为以下8点,这些配色设计既可单独使用,也可同时作用于一个产品。

(1)无色设计

无色设计是指使用无彩色的设计。这种配色页面只有黑、白、灰3种颜色,页面整体散发着浓厚冷峻的时代感。目前网页设计中单纯使用无彩色的设计已经不多见了,通常会增添1种~2种颜色加以装饰,以平衡整体风格。如图6-13所示。

图 6-13　无彩色网页设计

（2）单色设计

单色设计是指在页面设计中只使用一种颜色，通过其明暗度、饱和度的变化营造出画面的层次感。如图6-14所示。

图 6-14　单色头图设计

（3）邻近色搭配设计

邻近色搭配设计是指将色彩与其在色环上相距60°的邻近色进行搭配，如红色与黄色、绿色与蓝色，如图6-15所示。邻近色搭配设计可增强页面的稳定性，使整体色调保持和谐一致。

图 6-15　邻近色网页设计

（4）对比色搭配设计

对比色搭配设计是指将色彩与其在色环上相距120°的对比色进行搭配，如图6-16所示。对比色搭配使用有助于突出页面重点，有画龙点睛的作用。

图 6-16 对比色网页设计

（5）互补色搭配设计

互补色搭配设计是指将色彩与其在色相环上相距180°的互补色进行搭配，形成强烈的视觉冲击效果。如图6-17所示。虽然与对比色相似，但互补色的视觉冲击力要更强。在使用互补色时，要注意设计补色之间落差形成的视觉光晕感，一般以低明度颜色为背景，面积较小的高明度对比色作为前景装饰。

图 6-17　互补色网页设计

（6）暖色搭配设计

暖色调指红、橙、黄等色彩。暖色搭配设计可营造出和谐、热闹的氛围，暖色适合作为节日活动等专题的主色调。如图6-18所示。

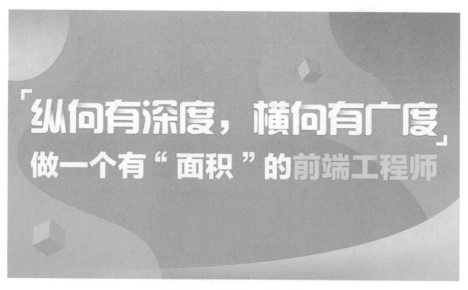

图 6-18　暖色搭配网页设计

（7）冷色搭配设计

冷色调指绿、蓝、青等色彩。冷色搭配设计可以营造出高雅、清爽的氛围，通常用于表现科技、忠诚、理性的情感氛围。如图6-19所示，页面是以蓝色为主体色的冷色搭配，用以表现"信息流"的科技感和准确性。

图 6-19　冷色搭配网页设计

（8）有主色的色彩设计

主色即界面的主体色。在界面中大面积应用所选定的主色，配以辅助色进行点缀装饰，使整个页面和谐有序，重点突出。如图6-20所示。

图 6-20　有主色的网页设计

6.2.3 借助配色工具

在设计过程中,如果遇到配色难题,设计人员可参考相关的配色网站或借助配色工具,开拓思路,有助于更快地解决问题。网络上有很多优秀的配色网站,提供配色方案和参考建议,图6-21列举了常用的配色网站。在浏览网站设计案例的过程中,设计人员通过学习和分析可不断拓宽设计边界,充实设计基础。

Adobe Color	Pletton	ColorZilla	Colorfavs
Adobe官方在线配色工具	在线主题配色设计工具	CSS渐变效果在线生成器	配色上传图片 提取图片风格
Coolors	Nipponcolors	ColorHunt	Material Palette
在线快速生成及保存精美配色	古典美-日本传统配色赏	每天一组心弦配色灵感	简单实用Material Palette配色...
和色大辞典	UIgradients	WebGradients	Colordot
465个和风颜色及色号	优美渐变色分享站	美妙渐变色 CSS代码合集	点点点 点出你的配色
Color Claim	LOL Colors	COLOURlovers	Hue360
温柔独特、简单优雅的配...	好看得哭出来的配色方案	配色与样式 实用方案	在线色彩搭配练习
Colllor	0 to 255	Colorion	Pantone
建立统一优美的配色方案	深浅渐变取色工具	Material配色方案	潘通-用色指南与灵感

图 6-21　配色参考网站

专业性配色工具的出现为广大设计人士提供了便利,配色软件具有丰富的色库、多样的搭配方案、简便强大的功能,可有效地提升了工作效率。如图6-22所示,Adobe Color CC是Adobe公司的在线配色工具。

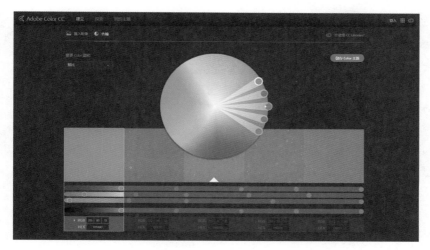

图 6-22　Adobe Color CC

6.3 色彩情感的应用

色彩可映射出人对客观世界的主观感受。不同的色彩对人情感的触发也是不同的,如红色传递出紧张感、绿色令人感到放松、蓝色有冷静理性之感,这些都是色彩所传递的感受。设计人员要对色彩蕴含的情感有一定的掌控力,才能精准地传递信息和设计理念。

6.3.1 色彩的心理暗示

(1)色彩的冷暖感

色彩本身并不具备温度属性,是人们的联想和感悟赋予了色彩或冷或暖的感情温度。

● 暖色系

暖色系是指由暖光组成的颜色,包含红、红橙、黄橙、橙、黄、黄绿、红紫等颜色,如图6-23所示。

| 红 | 红橙 | 黄橙 | 橙 | 黄 | 黄绿 | 红紫 |

图 6-23　暖色系的基本颜色

暖色很容易使人联想到太阳、火焰等高温事物或环境。纯度较高的暖色有警示危险的作用,可作为警示提示、标题等重要内容的颜色;纯度较低的暖色会传递出一种温暖舒适的感觉。暖色系的色彩经常应用于展现食物、节庆活动等页面中,有助于烘托愉悦喜庆的情感氛围。如图6-24所示。

图 6-24　暖色系的应用

● 冷色系

冷色系是指由冷光组成的颜色，包含绿、蓝绿、蓝、蓝紫等颜色，如图6-25所示。

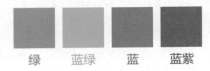

图 6-25　冷色系的基本颜色

冷色容易使人联想到大海、冰雪等低温事物或环境。冷色系传递的是严谨、持重、理性的感觉，多作为财经类、管理类、教育类网页的主体色，通过冷色系所传递的色彩情感，可以使用户感受到网站的专业、权威和值得信赖。如图6-26所示。

图 6-26　冷色系的应用

（2）色彩的软硬感

色彩的软硬感主要受色彩的明度和纯度的影响，具体如图6-27所示。

明度高、纯度低的色彩具有柔软的视觉属性，如棉花、沙滩的颜色。

纯度中等的色彩也具有一定的柔软度，如动物的皮毛、绒织物等。

低明度的色彩展现的视觉效果是硬度偏高的，如金属器物、大理石等色深且坚硬的物体，即便是质地柔软但颜色偏深的毛呢类物品看起来也要比浅色的同类物品硬得多。

高纯度的色彩给人的视觉感受也是坚硬的，如水果硬糖、警示牌等。

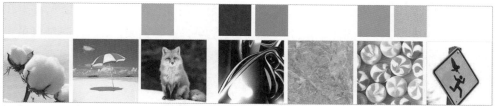

明度高、纯度低　　　中纯度　　　　低明度　　　　高纯度

图 6-27　颜色的软硬感

色彩的软硬感被广泛应用于网页设计中，如图6-28所示，通过对色彩软硬感的拿捏，两张图表达了设计者完全不同的情感和意图。

图 6-28　色彩软硬感的应用对比

（3）色彩的华丽与质朴

网页配色的华丽与质朴主要取决于色彩三属性，其中纯度的影响最大。色彩的华丽与质朴效果的对比如图6-29所示。

明度、纯度皆高的色彩，会自然地加大色彩的对比度，烘托出一种富丽堂皇的视觉氛围，使页面具有华丽绚烂之感。光泽度是辅助构建页面华丽感的重要元素，为任何色彩添加光泽都会提升视觉的华丽指数。

明度、纯度皆低的色彩，色彩之间的对比度较小，页面色彩的搭配偏于平淡，所呈现的视觉效果更趋于质朴简约。

图 6-29　色彩的华丽与质朴对比

（4）色彩的活泼与沉稳

色彩的活泼程度与纯度成正比，纯度越高的色彩越显得生动活泼。相反，色彩的沉稳程度与纯度成反比。色相也是决定色彩活泼程度的重要因素。例如，高纯度的紫色在视觉上的活泼程度并不及中纯度的红色，因此要根据网页主题氛围选择色彩的纯度和色相，才能使色彩表达契合主题。如图6-30所示。

高纯度的暖色与其他有彩色进行搭配，可产生强烈的视觉跳跃感。

冷色表现的是色彩的沉稳度，展现的是庄重、严肃感。尤其是低纯度的冷色，某种程度上会传递出压抑感。

图 6-30　色彩的活泼与沉稳对比

6.3.2 色彩的视觉空间感

色彩的组合搭配可构建出视觉上的空间感，通过对色彩的远近、体积、轻重等属性的搭配调和，使页面呈现出更为丰富的层次和空间。

（1）色彩的远近感

纯度较高的颜色具有前进感，适宜作为页面前景主题内容的颜色。纯度、明度较低的颜色在空间上有后退感，适宜作为页面背景的颜色。如图6-31所示，在蓝色的页面背景上，使用白色突出显示标题，营造出一前一后的空间层次，增加对比度使标题更为突出和具有呼吸感。

图 6-31　色彩的空间远近效果

（2）色彩的体积感

暖色又称为膨胀色。在视觉表现上，暖色块的扩张感要强于冷色块，因此相同大小的暖色块看起来比冷色块更为突出。如图6-32所示，页面的主色调偏冷，大面积使用冷色系装饰背景，但从视觉体积感上看，面积偏小的暖色主题并不低于面积偏大的冷色背景，因前后冷暖色彩对比度的加大，反而使暖色块更受瞩目。

图 6-32　色彩的体积感对比

第7章
网站的分类

根据功能的不同，网站可划分为多种类型，不同网站的界面设计也是不尽相同、各有侧重，了解网站类型是做好网站界面设计的基础。本章主要介绍应用较为广泛的网站类型，包括专题网站、企业网站、门户网站、商城网站、后台管理系统、网页游戏、应用软件、WAP网站、H5营销，并对在网站中应用最广的banner设计进行详细讲解。

7.1 专题网站

7.1.1 什么是专题

专题是用于推广产品活动的专门性页面，它包含完整的产品、活动的详情和介绍，是行之有效的网络营销手段。专题网站设计是针对专题进行单页或系列网页的设计，通过配色、风格、布局等多种设计方法构建和烘托相应的专题氛围。

7.1.2 常见的专题类型

根据营销推广产品和活动的差别，专题也对应地分为不同的类型和设计风格，以下将对专题风格进行具体介绍。

（1）常规的营销专题

常规的营销专题主要用于各电子商务网站日常展示和宣传产品的页面，是常态化的营销页面。根据商品种类和定位的不同，主要列举普通产品专题和高端产品专题。

● 普通产品专题

普通产品专题展示的是店铺日常的销售页面，专题设计应结合产品销售特点和店铺审美需求进行设计。如图7-1所示，在界面整体设计上，以品牌或店铺的标志色作为页面的主体色，通过鲜亮的头图和整齐排布的商品图，营造出大卖场、商品货架的销售气氛。优惠折扣活动、特价商品、主推商品等放置于页面的重要位置，可采用信息滚动提示的形式，利于扩大营销范围，提高成交率。

图 7-1　普通产品专题

● 高端产品专题

高端产品专题所展示的是价格相对昂贵的产品或是驰名品牌的商品。有别于普通产品的专题，高端产品专题更注重品牌自身的定位与价值，专题设计应与品牌形象相契合，整体呈现出有品质、时尚简约的特点。头图背景多采用品牌宣传照叠加宣传文本的设计风格，版面中使用大量留白，利用极简的设计传递简约时尚的品牌质感。专题页面设计的色彩、风格应始终与品牌的定位和形象保持高度的一致。如图7-2所示。

图 7-2　高端产品专题

（2）营销活动专题

营销活动专题是指针对某一活动而策划的营销活动页面，最具代表性的是传统节日、"双11""双12"等大型电商促销优惠活动。这种专题具有时效性和针对性，活动内容、营销页面都只针对活动阶段而存在。

● 节日活动专题

节日活动专题是以某一节日为活动主题，在节日前后时间推出的促销优惠活动。这类专题通常会借助传统节日节庆的元素进行设计，在专题页面中广泛使用节日的代表性元素装饰页面，使用户在良好的节日氛围中实现浏览和消费。如图7-3所示，元宵节的活动专题中，使用了元宵节的传统元素和符号，如中国红、元宵节的灯笼、狗的剪纸形象、元宵汤圆等多种元素，营造出浓厚的节日气氛。

图 7-3　中公教育元宵节专题

● 优惠活动专题

优惠活动专题是针对某一特定优惠活动而设计的专题，如"双 11""双 12""618"等大型电商促销活动。此类优惠活动的专题设计没有过多限制，在符合电商平台要求的基础上，专题设计主要以优惠活动和产品特点为设计依据。整体页面不宜太过花哨，突出优惠力度、展示优惠政策、增添互动形式等内容是页面设计的重点。如图 7-4 所示，中公教育"双 12"活动专题将各类优惠券和优惠活动说明放置于页面最醒目的位置，时刻提醒消费者店铺的优惠活动。

图 7-4 中公"双 12"活动专题

（3）信息展示专题

信息展示专题是大数据时代具有代表性的专题页面，将复杂的抽象数据以信息化图形的方式进行展示，这是可视化设计的发展成果。可视化设计的运用使专题中的数据信息转化为形象的图表信息,突破了纯数字展示的局限性,在有效提升阅览速度的同时,也加深了用户对内容的理解。如图7-5所示。

图 7-5　信息展示专题

（4）游戏宣传专题

游戏宣传专题是指对游戏进行线上宣传的专题页面。为了实现最佳的游戏宣传效果，在专题中会更多地使用与游戏场景相符的素材，或直接选用游戏场景作为头图或背景图进行展示。专题的主色调与游戏的主色调基本保持一致。

7.1.3 专题页面的特点

相较于网站中的其他页面设计，专题页面具有针对性、时效性、逻辑性、目的性等特点。具体特点如下：

（1）契合主题氛围

每个专题包含一个或多个主题，设计师不能像制作产品使用说明书一样，将内容直接展示给用户，专题设计要围绕着主题展开内容策划和页面设计。例如，节日类专题注重在节日氛围的烘托中宣传优惠活动，优惠类专题则重在渲染实惠的优惠氛围。

（2）具有时效性

专题页只在某一时间段内有效，活动结束专题自然失效，因此要注意对主题内容信息时效性的针对性呈现。

（3）增强代入感

烘托专题的氛围，除在设计风格上下功夫外，还应注重交互流畅性的设计。通过设置互动小游戏等环节，增强用户的参与感；运用倒计时设计，增加紧迫感和期待值；也可通过生活中的场景样式进行场景代入。例如，教育类的专题页面可使用黑板、书本等素材，让用户置身于学习的场景之中。

（4）逻辑表达清晰

设计专题页面时，应保证页面信息逻辑表达清晰。按照逻辑顺序，注重内容之间的从属关系、主次关系、问答关系的排列。利用标题和版式设计划分模块和区分层次，用户通过标题、版式即可识别、区分模块及页面的重要程度。

（5）具有目的性

专题具有极强的针对性、目的性，按照产品、活动的特点设计风格相符的视觉页面。围绕产品、活动营销的目的，确定专题设计的侧重点和主体方向。有些专题主要进行商品营销，有些专题用于告知信息和宣传周知，有些专题侧重于商品预热和培育市场，因此，专题内容策划和版式设计都应以达成目的为终极设计方向。

7.1.4 常见的版式布局

专题设计风格的变化以版式布局的变化为基础，以下介绍常见的版式布局。

（1）普通版式布局

普通版式专题包含的是基本的专题构成模块，一般由头图模块和显示详细内容的楼层模块组成。规则的楼层模块版式布局较为简单，易于排布，在排列模块时应注意运用深浅颜色的对比划分版面内容，如图7-6所示。

图 7-6 普通版式布局的专题

（2）对比版式布局

对于有对比性的内容，可选择突出对比性的布局设计。对比版式使页面在视觉上产生自然分区效果，将内容以相互对立的形式进行展现，通过颜色的差异进一步加强对比的视觉效果，在版式上即告知用户内容具有对比性。如图7-7所示。

图 7-7　对比版式布局的专题

（3）格子版式布局

格子版式布局是指将页面划分为多个大小不一的方格，在方格中填充图文内容。如图7-8所示。使用格子版式布局时，应注意规范格子的间距，进而统一页面的间距，使整个页面呈现整齐有序的视觉效果。格子布局的魅力在于规范性和设计感并存，简约的视觉效果无需添加过多的色彩，1种~3种颜色即可使专题页面产生强烈的视觉冲击。

图 7-8　格子版式布局的专题

（4）空间感版式布局

空间感版式布局赋予了页面视觉上的延展性，通过版块中凹凸元素间的对比，使内容在视觉上呈现立体效果。突出显示的内容拉近了视觉距离，使用户感觉更贴近，而凹陷下去的内容则赋予了页面纵深感，拉伸出画面的空间感。如图7-9所示。

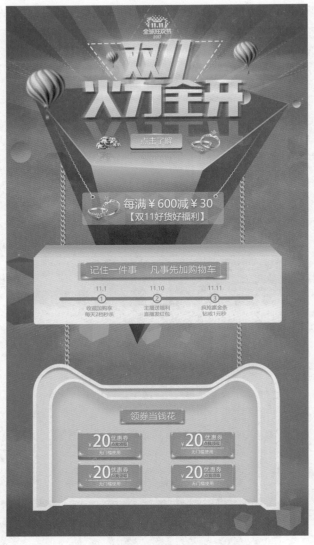

图 7-9　空间感版式布局的专题

（5）倾斜版式布局

倾斜版式布局打破了横平竖直的版面范式，带来了新颖的视觉体验，图片倾斜方向、角度的差异会带来不同的视觉体验。倾斜版式布局所产生的视觉突破感，使图形的边缘和棱角更为突出，塑造出极强的形式感。如图7-10所示。

图 7-10　倾斜版式布局的专题

7.2 企业网站

7.2.1 什么是企业网站

企业网站是企业在互联网中公开展示自身的平台，用于宣传企业形象、展示企业成果与招募合作伙伴等，也就是俗称的企业官网。通过网络宣传，可提升企业知名度、增加产品销售额以及吸引更多合作伙伴。作为企业的线上门面，相较于普通网站，企业网站在设计上更加注重展示企业的风貌、产品和客户服务。

7.2.2 常见的企业网站类型

企业类型的差异也决定了其网站设计侧重点的不同。企业网站应依据企业类型和企业发展方向，围绕中心信息进行设计。

（1）信息展示型

信息展示型企业网站以文字、图片、图表、多媒体等形式进行信息展示，发布有利于企业形象的信息宣传，提升企业可信度、吸引用户。

（2）品牌宣传型

很多企业选择以自身品牌风格作为企业网站的设计风格，将网站作为企业线上的宣传入口。品牌宣传型企业网站可帮助企业塑造和宣传自身形象风格，使用户在浏览企业网站时不仅能了解产品信息，还能感受到浓厚的企业文化。

（3）网络营销型

网络营销型网站是以实现营销为目的的网站，这种方式可以更低的成本获取利润。设计人员将营销的思想、方法和技巧融入网站策划与设计中，能有效地实施产品的推广。

随着互联网的发展和普及，用户对企业网站的设计诉求也越来越清晰，以企业诉求为设计基点，结合企业的历史沿革、发展目标、企业文化等具体内容，选择合适的风格辅以文字内容进行企业形象、品牌文化、营销任务的宣传和推广。

7.2.3 常见的栏目架构

虽然不同类型企业网站的设计风格和内容不尽相同，但网站栏目一般都包括企业的基本概况、企业新闻、产品介绍、联系方式等信息，可全方位多角度地展现企业风貌。下面以中公教育企业网站为例具体说明网站的栏目架构。

（1）首页层级

●首页

中公教育企业网站是网络营销型网站，首页以主打产品的销售为设计基础。如图7-11绿框处所示，中公教育网站首页列举了各地中公分部的链接入口，对即将进行考试的产品和信息进行突出展示。首页的各模块分类明确清晰，这种形式基本满足了用户对考试情况、产品、属地的需求。

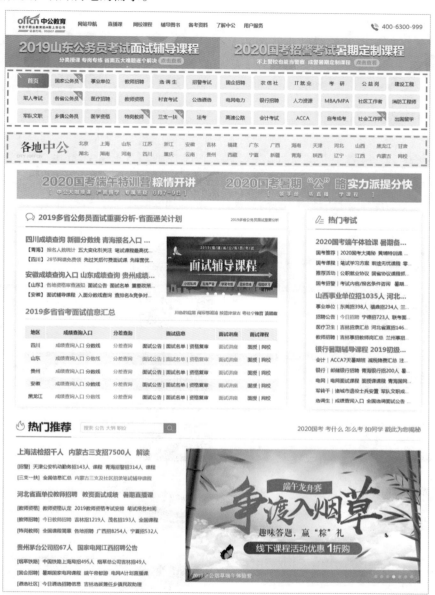

图 7-11　中公教育官网首页

● 产品中心

产品中心包含了企业研发、生产的全线产品，页面突出展示主打产品，罗列其他系列产品。按照类别、重要级别以及检索频率等数据，将不同类别产品按顺序排列。如图7-11红框处所示，产品中心与首页的层级相同，点击按钮即可进行页面切换。对即将发布考试公告或即将考试的产品添加红色"hot"的标识，醒目的标记使用户能在最短的时间内找到所需项目。

（2）栏目

栏目一般分布在网站的主导航中，点击按钮即可进行页面切换或跳转。新闻页、产品中心、联系方式以及招贤纳士等内容是企业网站栏目的常见选项。如图7-11所示，中公教育网站栏目主要包括网站导航、直播课、网校课程、辅导图书、备考资料、了解中公、用户服务等内容。直播课、网校课程、辅导图书、备考资料仍属于产品层面，只是根据不同的载体形式区分展示。

● 了解中公

"了解中公"是对企业的全面介绍，通常包括企业概况和新闻资讯等内容，传播企业正面消息是提升企业权威和可信度的有效途径。如图7-12所示。通过企业网站了解企业的发展历程和最新动态，阅览积极向上的企业新闻，会不断提升用户对企业的好感，进而增加用户黏性。

图 7-12　企业新闻

● 关于我们/联系我们

联系方式既是企业获取合作的通道，也是为用户提供咨询联络的平台。网站上提供的联系方式应尽可能详细，包含企业地址、邮箱、联系电话和传真号码等。如图7-13所示。

图 7-13　联系我们

● 招贤纳士

如果企业有招聘人员的需求，可以设置招贤纳士页面。招贤纳士是企业引进人才的窗口，以列表的形式清晰地罗列工作地点、职位类别、职位要求、联系电话、简历投递邮箱等信息，供求职者浏览选择。如图7-14所示。

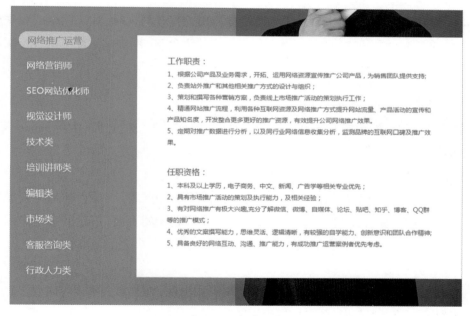

图 7-14　招贤纳士

（3）二级页面

二级页面是在一级页面中点击链接后跳转进入的页面，如图7-15所示。内容页多属于二级页面，一般以文章、图片、视频等为主，注意排版布局的和谐整齐。标题是对内容页的概括引领，页面中的内容则是对标题的详细诠释，因此应注意标题与内容的恰当对应。

图 7-15　二级页面

（4）404页面

404页面即无法显示或无法回应的页面，当用户打开网页时，如果网络或程序出现错误就会弹出404页面。一般以"404"数字提示错误信息，围绕这组数字可进行相应的图形或动漫形象的设计。

7.2.4 常见的版式布局

常见的企业网站版式布局有一屏滚动页面、以文字为主的页面、大屏banner样式3种。下面逐一进行介绍。

（1）一屏滚动

一屏滚动设计与专题相似，企业网站经常采用滚屏形式，一屏一屏地切换展示内容。以屏幕为单位的滚动展示方式适用于文字内容较少的页面，展示的多是产品效果图等信息，图文并茂可更形象直观地展示产品。

（2）文字为主

以文字为主的页面一般以列表页、内容页形式出现，在排布文本内容时要注意文本间距，尤其是可点击的列表文字的间距，应为用户留出足够的点击空间。一般来说，列表页的文本间距比内容页的文本间距要略大些。

（3）大屏banner

很多企业网站会选择大屏banner设计，即以一屏尺寸为基准进行banner设计，将企业的标志性建筑、LOGO、主打产品的图片作为背景图，在加深企业形象的同时，大屏banner可带来简约大气的视觉体验。

7.3 门户网站

7.3.1 什么是门户网站

门户网站是指通向某类综合性互联网信息资源并提供有关信息服务的应用系统，包含搜索引擎服务、目录服务等，以网站的形式提供各类服务的入口。随着市场竞争的日益激烈，门户网站不断地拓展业务类型，发展成为现今网络世界的"百货商场"。门户网站主要包括综合门户网站、垂直门户网站、微门户网站、社区门户网站等类型。我国比较典型的门户网站有新浪网、网易、搜狐等。

7.3.2 门户网站的设计要点

受众的广泛性决定了门户网站对设计的要求更高，其页面设计应具有普适性、便捷性，符合大众审美。

（1）合理优化的结构设计

长期的实践探索发现，门户网站页面设计的排版性问题最终都可归结为结构设计问题。这些问题主要表现为排版间距不得当，无论是排版过于紧凑造成的视觉拥挤，还是排版过于松散造成的重点不突出，都能从最初的结构设计上找到原因，因此设计师应在设计前期注意梳理结构设计。

（2）层次分明的架构逻辑

门户网站的综合性和多样性决定了其页面内容和功能的繁多庞杂，保证用户准确快速地找到所需内容是对门户网站的架构逻辑、层次设置提出的考验。层次分明的门户网站，既能遵从大众的思维逻辑和审美感受，又能兼具搜索效率和宣传功能，这要求设计师在前期架构搭建方面应进行全面缜密的推演。

（3）错落有致的元素分布

在具体的版面设计上，可通过大小元素错落有致的分布来分隔页面的层次和确定信息级别。在页面同类元素保持统一的基础上，针对不同信息级别的元素设置不同规格的文本字号、颜色、图标版式等格式，用以构建页面的自然秩序和信息层级，用户根据页面版式即可确认同类信息，提升阅读效率。

（4）简洁易懂的文本设计

在门户网站中，文本内容占据着相当大的比重。在信息爆炸和碎片化阅读时代，信息获取的便捷、快速、准确是文本设计的核心。对于拖沓冗长的文本内容，用户很难实现完整准确的阅读。门户网站文本设计应突出重点、言简意赅、通俗易懂，文本标题和小标题要精准吸睛，篇幅不宜过长，层级内容合理适中。

7.4 商城网站

7.4.1 什么是商城网站

    商城网站又称网上商城,是指利用电子商务手段经营,实现买卖过程的虚拟商店,类似于实体商店。总的来说,商城网站就是以销售商品为最终目的的网络虚拟商店。图7-16为中公教育天猫旗舰店,主要销售中公教育出品的各类型图书。

图 7-16　中公教育天猫旗舰店

    销售商品的特性和对应客户的类型决定了商城网站的类型,常见的商城网站类型有B2B(商家对商家交易形式)、B2C(商家对客户交易形式)、C2C(个人对个人交易形式)、O2O(线上线下结合的交易形式)。

商城网站包含种类繁多的商品，做好分类是销售商品的前提，层级分明、分类合理的商城页面有助于用户快速查找目标商品。商城网站的栏目一般包括"首页–商品"综合页面、"列表页–商品"分类页面、"详情页–商品"购买页面、用户个人中心等几大类。

7.4.2 商城网站的设计要点

随着电子商务的蓬勃发展，电子商务平台的竞争也日趋白热化。在保障产品和服务质量的同时，应着力优化商城网站的界面设计，网站设计的视觉舒适度、搜索便捷性、商品推荐的准确性等都是提升购买转化率的重要因素。

（1）页面简洁，导航明确

商城网站重要的设计原则是页面简洁、类别清晰。商城网站中商品种类多样，若页面元素过多会分散用户的注意力。保持页面的清晰、简洁、产品分类明确且专注于商品销售，才能为用户提供高效专业的购物体验。商城网站的导航搜索功能应准确高效，无论是通过分类导航栏目还是搜索框，用户皆可轻松匹配到目标商品。在搜索商品的颜色、尺寸、型号等细节方面下功夫，不断拓展搜索边界，提供强大的导航搜索服务。

（2）运用色彩，激发行为

色彩可以激发人们不同的感受和行为，运用色彩的心理暗示是网页设计常用的设计技巧。例如，购买按钮多设置为红色等醒目的亮色。根据色彩心理学的理论，红色可激发出兴奋和激情，是支出的驱动因素，红色按钮可有效提高购买的转化率。蓝色一直是电商网站的优选色彩，在网页设计中添加蓝色，有助于提升亲和力和可信度。因为蓝色不仅是备受喜爱的色彩，也被证明是增加信任感的色彩。充分运用色彩所蕴含的心理暗示作用，激发用户的购买行为，有助于提升电商网站的成交率。

（3）图片优质，详情准确

在商城网站购物，用户只能通过商品图片了解详情。调查显示，商品的图像质量和详细程度直接影响用户的购买意愿。普遍认为高质量的图像会提升用户的购买欲，通过高质量的图像，用户获得了商品更多的细节、品质等信息，对商品的了解程度进一步加深，有助力促进商品的购买和成交；商品详情页也应详细准确，对商品的基本属性给予充分的说明，力求解答用户对商品大部分的疑问。网站不应出现拼写错误，字体、颜色和页脚设计应保持一致，同时保证所有商品链接和按钮的有效性。

7.5 后台管理系统

7.5.1 什么是后台管理系统

后台管理系统是用于管理网站前台所获信息的专门系统。总的来说，后台管理系统就是整个网站数据的集合,通过后台对网站用户的行为进行分析,依据分析结果对前台网站进行优化,以确保网站内容及时进行更新和调整。

后台管理系统并不是直接面向用户的产品,是旨在收集用户信息、分析用户行为、满足用户业务需求的系统。后台管理系统具有极强的针对性、目的性。常见的后台管理系统有工具类后台管理系统、记录类后台管理系统、配置类后台管理系统、关系类后台管理系统等。

7.5.2 后台管理系统的设计要点

后台管理系统页面的设计重点是视觉舒适度及可操作性,要求设计师对页面细节、统一性有良好的把控。图7-17为中公教育考勤后台管理系统,后台系统与其他功能性网页设计的区别在于:

(1)配色不超过3种

管理员需要长时间在后台进行管理,处理各种数据表格,考虑到视觉的舒适度,后台管理系统应选择简单舒适、低刺激性的色彩搭配方案。过于鲜艳或花哨的界面配色,长时间使用会引起管理员的眼部不适,因此后台管理系统的配色不宜超过3种色彩。

(2)可操作性强

可操作性是后台管理系统存在的意义。在后台管理系统的操作上,系统的可修改性应体现为操作前可预知、操作中有反馈、操作后可撤销。

图 7-17　中公教育考勤后台管理系统

7.6 网页游戏

7.6.1 什么是网页游戏

网页游戏又叫Web Game、无端游戏，简称网游。网页游戏是基于浏览器的多人在线互动游戏。无需下载客户端，使用浏览器即可开始游戏。网页游戏种类丰富，从多人在线的大型游戏到小型的休闲棋牌游戏无所不包，受众极其广泛。

7.6.2 网页游戏的 UI 设计风格

从事与游戏相关的页面、道具、图标、登录界面等UI设计的设计师被称为游戏UI设计师。游戏UI设计是需求量较大、发展前景良好的UI设计类型。游戏UI设计的规范独成体系，有别于其他的UI设计，它包括网页游戏设计和手机端游戏设计。在整体设计方向上，两种游戏端的UI设计风格基本一致。常见的游戏UI设计风格如下：

（1）写实3D类

写实3D类游戏的UI设计以"还原""美化"为主要设计依据，在描述事物特征上不追求过分的夸张。在还原真实事物的基础上，写实3D类游戏设计会对人物角色形象进行美化，并添加炫酷的超现实特效，营造游戏氛围。

（2）Q版卡通类

Q版卡通类游戏的UI设计相对夸张，对游戏角色进行形象、颜色、比例等方面的夸张化设计，增添角色的趣味性。Q版卡通类游戏角色不必局限于现实，虚构的形象、可爱的外观、极具趣味性是角色必不可少的设计元素。

（3）手绘风格类

手绘风格的游戏界面题材广泛，为用户带来独特的视觉感受。因其风格的独特性和艺术性，用户往往对手绘游戏的UI设计风格印象深刻。

7.6.3 网页游戏的设计要点

网页游戏界面是玩家开始网络游戏的起点，界面设计风格直接影响游戏玩家的使用感受和使用频率，设计过程应注意以下几点：

（1）优化游戏使用环境

优化游戏使用环境，减少外界的干扰因素，使用户完全沉浸于游戏体验中。在减少外界干扰方面，通过简化游戏界面中的某些元素，如隐藏显示时间、关闭窗口弹窗等设置保持界面的简洁。在标准界面之外，可通过设计多种类型的游戏场景来打造沉浸式游戏环境。

（2）提示融入游戏过程

游戏的消息提示、使用说明等提示类信息应融入游戏界面和操作过程中，时时接收信息的效率要明显高于前期的集中接收,可有效降低用户学习成本。说明性规则中应减少文字说明的比例,以图形、图像、视频等形式替代文字内容,提高信息接收度,是优秀的游戏界面设计应具备的。

(3)美观与实用相结合

游戏的美观性至关重要,但又不能一味地追求美观。若界面始终保持高清晰度和动态效果展示,计算机设备的运行速度势必会受到影响,以游戏的快速运行作为代价,游戏界面的美观也就失去了意义。游戏的UI设计应是美观与实用相结合的产物。以保证界面快速运行为基础,可适度降低界面的清晰度和动画效果,设计师应充分考虑美观性和实用性的配比关系,在保证游戏高速运转的前提下,尽可能提升页面的美观性。

7.7 应用软件

7.7.1 什么是应用软件

计算机软件分为系统软件和应用软件。应用软件是专门为某一应用目的而设计的软件,如文字处理软件、信息管理软件、图像处理软件等。图7-18为中公CTS应用软件。

为满足软件专业化、标准化的需求,应用软件的界面设计主要是针对软件的使用界面进行美化、优化、规范化的设计,设计内容包括软件启动界面设计、软件框架设计、按钮设计、面板设计、菜单设计、标签设计、图标设计、滚动条及状态栏设计等方面。

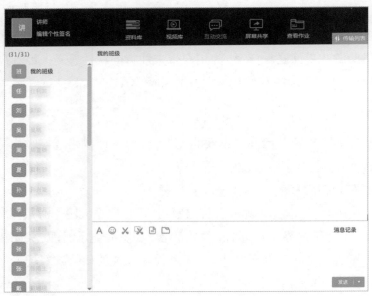

图 7-18 中公 CTS 应用软件

7.7.2 应用软件的设计要点

设计过程中应将应用软件看成一个统一整体,所有页面共同构成这一整体。以下具体介绍应用软件界面的设计要点。

(1)一致性原则

首先,应制定界面的设计规范,并贯彻于设计过程的始终。其次,注意保持各环节、各页面在设计上的关联性和一致性,确保用户在使用应用软件的过程中获得认知上的统一。从开发层面来说,一致性原则可降低开发的沟通成本,提高开发的工作效率;从应用层面来说,一致性原则可加深用户对产品的认识,为便捷操作和降低学习成本提供了更多的可能。

(2)美观性原则

在保持风格统一的基础上,界面的美观性仍是不可忽视的问题。设计师应充分利用色彩、元素等一切符合产品自身的设计去展现界面的美观。需要注意的是美观性设计应服从于应用软件的功能性设计,不可喧宾夺主,不能成为应用软件的负担。

(3)及时反馈原则

应用软件是帮助用户解决问题而存在的软件,在这一过程中,为用户提供及时的信息反馈是极为重要的。在设计应用软件界面时,设计师应预留一定的空间用于信息的反馈,不同情况下所反馈的信息样式也应有所区分。

7.8 WAP 网站

7.8.1 什么是 WAP 网站

WAP是Wireless Application Protocol(无线应用通讯协议)的缩写,是一项实现移动电话和互联网相结合的应用协议标准。WAP网站又称手机网页,指在手机浏览器上以网页形式浏览的网站。目前,手机多使用WAP协议接入互联网,由此获取适用于手机浏览的网上信息,以及基于互联网的其他应用。

7.8.2 WAP 网站与 PC 端网站的区别

WAP网站是以手机等移动智能设备的浏览器为载体的网站形式,PC端网站是以电脑的浏览器为载体的网站形式。WAP端与PC端的主要区别在于设备不同,以及由设备不同所引起的尺寸、规范的不同,如图7-19所示。注意两者在展示空间、使用场景、交互方式等方面的差异,才能有针对性地进行界面设计。

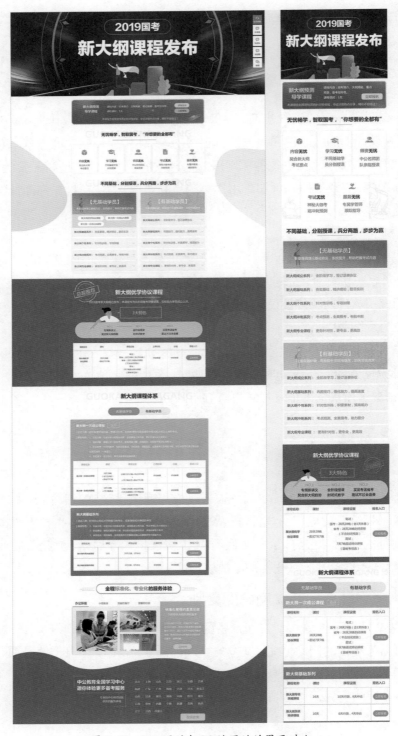

图 7-19　WAP 网站与 PC 端网站的界面对比

7.8.3 WAP 网站的设计要点

作为以移动设备浏览器为载体的网页，WAP网站在设计过程中要特别注意移动端的设计要点和规范。

（1）适用设备不同

移动智能设备种类和尺寸的多样化为WAP网站的设计增加了难度。网站内容显示应结合移动设备展示空间小、交互方式灵活、显示屏幕尺寸多样等特点展开针对性设计和调整内容布局。

（2）注重全局导航

在移动设备的浏览器中显示时，WAP网站要注意区分设置"返回上一页"和"直接返回主页"按钮，通过设置全局导航，实现页面快速切换。

（3）减少特效使用

考虑移动设备显示屏幕小和用户自用流量等情况，WAP网站应对页面装饰进行减量设计，减少特效的使用从而提升浏览器的加载速度，为用户节省流量。简洁明了的页面设计更能突出重点，有效引导用户执行操作。

7.9 H5 营销

7.9.1 什么是 H5

HTML5是"超文本标记语言"的第5代语言。H5原为HTML5的简称，现在大众化理解的H5是指在移动端中传播的带有特效、互动体验声效的Web网页。

移动设备屏幕尺寸是影响H5显示品质的重要因素，市面上的移动设备尺寸千差万别，为每种尺寸都单独输出一套H5页面是不现实的。因此，在H5页面尺寸的设计过程中应注意：

先明确主要的传播方向与展示平台，展示平台的不同会导致页面比例的变化。常规的做法是选择移动设备常用尺寸的中间值进行设计，方便进行向上、向下的调整适配。例如，在iOS系统中，建议使用750px×1334px为基础设计尺寸；在Android系统中，建议使用720px×1280px为基础设计尺寸。

7.9.2 H5 页面的版式设计

H5页面版式设计应充分考虑显示设备屏幕尺寸、用户阅读即时性等限制因素。根据具体的展示内容选择恰当的版式布局，引导用户进行充分阅读。常见的H5版式布局有直线版式、斜线版式、三角版式、圆形版式。

（1）直线版式

直线版式将版面内容沿直线排列，内容的关联性最强。H5的整个页面内容沿直线贯通，符合用户自上而下的阅读顺序。如图7-20所示。

图 7-20　直线版式

（2）斜线版式

斜线版式是指在背景或内容布局方式上采用倾斜样式。倾斜的版式能形成较强的视觉冲击效果，有突出文案重点、加深用户阅读印象的作用。如图7-21所示。

图 7-21　斜线版式

（3）三角版式

三角版式利用了前景与背景的对比，将重要内容置于更突出的前景位置，吸引用户眼球，配合元素设计引导用户进行翻页等操作，交互过程过渡得自然顺畅。如图7-22所示。

图 7-22　三角版式

（4）圆形版式

与三角版式相似，圆形版式也是将内容聚焦于前景位置。相对于三角形版式来说，圆形构图更为饱满柔和，适合于亲和力强的页面设计。如图7-23所示。

图 7-23　圆形版式

7.10 Banner

Banner是条幅广告的统称，广泛应用于各类网站设计中。banner是专题页的灵魂，具有吸引用户、传达主题、引领风格等功能，是专题设计中极其重要的环节。

（1）Banner的尺寸

网站banner图的宽度多与屏幕像素宽度一致，高度一般控制在400px ~650px。为更好地适配多种屏幕的尺寸，PC端专题常用的内容宽度为960px~1200px，因此页面内容区域应控制在这一宽度范围内。

占据整个屏幕的banner专题应使用整屏切换的专题样式，1920px×1080px是整屏专题的尺寸，如图7-24所示。整屏banner所占空间较大，应慎重考虑内容排布的合理性，过于拥挤或过于松散的排布方式都会影响整体效果。

图 7-24　整屏的 banner

（2）风格与定位

Banner的定位与风格影响着专题整体的风格走向，因此要选择契合专题主题风格的头图样式，保证主题理念的准确传达。

简约大气的banner设计风格适用范围和类型十分广泛。头图背景的简约设计意在突出主题内容，用户的视觉焦点自然而然地聚焦在醒目的主题内容上。如图7-25所示。

图 7-25　简约大气的 banner

具有科技感的banner设计风格，头图一般采用深色背景搭配亮色前景文本和装饰，使用棱角分明的元素、细线条装饰页面，极具未来感和科技感。科技感风格的banner适用于以技术、未来为主题的专题设计。如图7-26所示。

图 7-26 科技感的 banner

● 立体写实的banner设计风格以真实事物为基础,运用局部夸张手法,传递真实事物所蕴含的象征意义,具有较为震撼的视觉感受。立体写实风格的banner适用于具有一定冲击力的设计主题。如图7-27所示。

图 7-27　立体写实的 banner

● 手绘风格的banner设计极具趣味性,适合表达较为欢快、有情怀、有文艺气息、有情感诉求的主题页面。如图7-28所示。

图 7-28　手绘风格的 banner

（3）图文版式布局

通过调整banner页面中图形与文字等构成元素的位置、角度、距离、大小可产生不同效果的版式布局。常见的图文版式布局方式有中心聚焦式、左右均衡式、全屏填充式、倾斜式、上下式等多种布局。

中心聚焦式布局是banner构图最常用的构图方式，以中心点、斜线辐射的方式排布文字和构图，通过汇集焦点来突出主题内容。如图7-29所示。

图7-29　中心聚焦式布局

左右均衡式布局指将banner中的前景图片与文字内容进行左右均衡排布，形成稳定和谐的视觉效果。如图7-30所示。

图7-30　左右均衡式布局

全屏填充式布局是以一张图片作为背景，进行满屏填充并在图片上叠加色彩蒙版、降低图片清晰度等操作。文本内容应放置于合适的位置，与图片构成和谐共生的关系。全屏填充式布局展现出大方、舒展的视觉效果，如图7-31所示。

图 7-31　全屏大图式布局

　　不同于常规的布局方式，倾斜式布局通过不对称的排布构建出一种视觉的动态感，富有活力和冲突性，十分吸引眼球。如图 7-32 所示，倾斜的文本营造出了速度感。

图 7-32　倾斜式布局

　　上下式布局是分上下两部分放置内容的布局形式。如图 7-33 所示，对于内容较多的 banner 专题，可采用上下式排列布局，在凸显层次感的同时，也能解决页面过于拥挤的问题。

图 7-33　上下式布局

（4）图片输出形式

在专题banner的制作过程中，需要输出不同格式的banner图片，用以实现不同的视觉效果。常见的banner图输出格式有GIF、JPG、PNG。

GIF格式是网页动图的主要格式。网页专题中比较简单的小动画大多采用GIF格式。

JPG格式相对较小，在网站中容易加载成功，对网速要求不高，同时可保留大部分的图片颜色信息，JPG格式在网页中应用广泛。

网页的半透明图片多使用PNG格式。PNG图片保留了半透明的信息，比JPG图片要大得多，影响网页的加载速度。建议不要使用大面积的半透明图片，可采用截取图片的半透明部分，或将半透明的大图裁成多张可分别上传的小图，来解决加载速度慢的问题。

第8章
交互设计与用户体验

8.1 关于交互设计

8.1.1 什么是交互设计

（1）交互设计的概念

交互设计又称为互动设计（Interaction Design），主要是对人造系统的行为进行设计，它定义了人与产品及服务之间交流的形式和结构。交互设计一般从可用性和用户体验两个层面进行分析，关注以人为本的用户需求。

（2）交互设计的发展历程

交互设计由IDEO的创始人比尔·莫格里奇于1984年提出，最初命名为"软面（Soft Face）"，后更名为"Interaction Design"，即交互设计。从提出至今，交互设计分别经历了命令行界面、图形用户界面、自然用户界面3个阶段。

● 命令行界面，缩写为CLI

命令行界面是指通过键盘输入相应的命令来实现交互的一种界面形式，如图8-1所示。命令行界面是图形用户界面普及前使用最广泛的用户界面。命令行界面的优势是节省计算机资源、运行速度快；弊端是用户需要记忆大量的命令行。

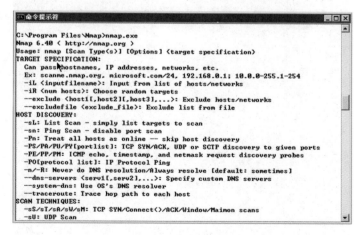

图 8-1　命令行界面

● 图形用户界面,缩写为GUI

图形用户界面是采用图形方式显示的计算机操作用户界面。20世纪80年代,苹果公司最先将图形用户界面引入计算机领域,推出了以鼠标、下拉菜单、直观的图形界面为特点的Macintosh电脑,引发了人机界面的历史性变革。图形界面无需记忆、键入命令,通过鼠标直接操作。目前,手机端、Web端使用的多是图形用户界面。如图8-2所示。

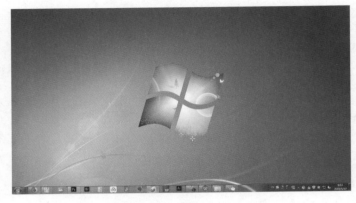

图 8-2　图形用户界面

● 自然用户界面,缩写为NUI

自然用户界面是一种无形的用户操作界面,最典型的是苹果公司的Siri智能语音助手,通过语音可实现对界面的操作。自然用户界面无需用户学习软件的操作规则,通过语音对话、手指触控等更自然的方式即可与计算机进行交互。如图8-3所示。

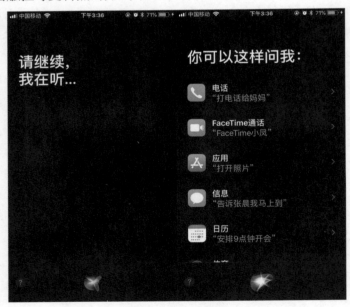

图 8-3　自然用户界面

8.1.2 交互设计的流程

交互设计有较为成熟完善的流程,以下进行具体介绍。

8.1.2.1 产品需求分析

产品需求分析是在创建产品初期需要确定的内容,包括产品的市场分析、用户群分析、功能分析等内容。

(1)市场分析

通过市场分析可确定自身产品的定位及发展方向,主要针对同类竞品的市场销售情况、产品功能特点、用户使用体验、产品的优势劣势等进行分析。通过提取产品功能的关键词来检索市面上的同类产品,进而锁定竞品目标。竞品分析的目的是通过对成熟的同类产品的数据分析,收集、获取产品的视觉外观、核心功能、市场策略等数据信息,进而确定自身产品的市场定位和主推功能。

(2)用户群分析

用户群指产品的消费群体,受众群体影响产品特点和主推功能,用户群范围越广的产品需要考虑的设计问题也就越多。用户群主要调研受众所处的地理区域、年龄层次、收入水平、使用习惯、需求和痛点等信息,将采集的信息整合评估,最终形成产品的用户群分析报告。不同的用户群对产品的需求和痛点也存在较大的差异,因此,精准用户群的确定是产品开发的关键环节,也是制作出受用户喜欢的产品的前提条件。

(3)功能分析

随着产品定位和用户群的确定,产品的功能也随之确定和细化,对产品功能的分析需要区分主次,做出必要的取舍。市场认可度高的产品都有让人眼前一亮的主打功能,即使这一功能不是前所未有的,但其实现方式一定是令用户满意的。可以围绕产品定位和用户群的特点进行产品功能的层级划分。如图8-4所示,支付宝和微信都具有收付款功能,但这一功能在APP中所处位置的层级却大不相同。支付功能是支付宝的主推功能,因此位于APP首页最明显的位置;而作为社交软件的微信,其主要功能是交流、分享,收付款功能则隐藏在二级页面中,不会与主推功能相冲突。

图 8-4　支付宝和微信的收付款功能

8.1.2.2 原型设计

原型设计是将产品的交互设计以简单的几何图形加以展现,目的在于整理产品交互设计思路,为界面设计奠定基础。原型设计主要分为绘制交互草图和绘制原型图。

（1）绘制交互草图

图形是最具有视觉冲击力和引导力的元素,确定产品的所有功能和层级后,以图形样式展现功能间的关系,使整个产品功能流程更清晰明了。整理初期,以手绘的形式可更快地完成交互草图的绘制。如图8-5所示,在绘制过程中,设计师一旦想到更佳的呈现形式可随时进行手动添加或修改,极大地提高了交互流程的整理效率。

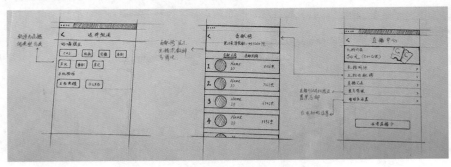

图 8-5　手绘交互草图

（2）绘制原型图

原型图是升级版的交互草图，可使用专业的原型图软件绘制交互草图，同时添加链接跳转等交互动作。绘制原型图能更直观地展示各元素之间的层级关系，显示每个页面甚至每个按钮的位置，可帮助设计师查缺补漏，发现并及时修正设计漏洞。原型图可展示原始产品的使用流程和交互体验，是输出界面设计效果图前最成熟的产品效果图。如图8-6所示。

图 8-6　原型图

8.1.2.3 界面设计

界面设计是对原型图进行视觉效果的升级，是UI设计师展现视觉设计功底的最佳时机。界面设计包括确立设计风格和增添细节两部分。

（1）确立设计风格

设计风格类型多样，风格之间最显著的差别体现在界面的整体风格、色彩选择上。

● 界面风格

不同类型的网站具有鲜明的风格特征，界面的设计风格始终为网站的核心功能服务。如图8-7所示，天猫商城是电商网站，着重于展示商品和营造活跃的销售氛围，界面运用多种色彩和装饰元素营造欢快的气氛。而优就业网站是教育类网站，着重于课程宣传和销售，界面采用较为严谨的简约设计和较少的装饰元素。

图 8-7　界面风格对比

● 界面色彩

色彩影响用户对产品的第一视觉印象。界面色彩由多种因素决定,产品风格、主打功能、用户群都影响着界面配色方案。如图8-8所示,成熟产品的界面色彩可拆分为品牌色、主导色和辅色。品牌色是用户对产品的直观印象,一般来源于产品的LOGO颜色;主导色一般包含1种~2种色彩,可选择与品牌色相同的色彩,也可以选择与品牌色相协调的色彩;辅色是界面中使用频率较高的几种颜色,与主导色共同构成产品的主色调。辅色的色彩种类控制在2种~6种为佳,过少或过多的色彩种类都有可能产生过于单一或过于花哨的界面视觉效果。

图 8-8　界面色彩构成

（2）增添细节

细节决定成败，能脱颖而出的优秀界面设计都离不开设计师对细节的追求。

● 有区分度的图标

图标在界面中具有引导、指示功能，起到以图形方式集中展现文本内容、区分页面模块、激发阅读兴趣的作用。具有设计感和区分度的图标可提升界面的美观度和层次感，与界面风格相匹配的图标也是打造界面风格化的构成要素。如图8-9所示。

图 8-9　图标设计

● 生动有趣的吉祥物

吉祥物是产品的虚拟代言人，多采用可爱、生动的卡通形象，吸引用户的眼球，不断刺激强化品牌印象，进而为产品赢得更多的关注。淘宝的淘公仔、京东的京东狗、腾讯的企鹅都是设计成功的吉祥物，在用户心中这些吉祥物已成为公司和品牌的代表。

● 运用情感化设计

随着人工智能技术的发展，情感化设计在智能设备中逐渐受到重视。削减机器的冰冷感是情感化设计的目标，如图8-10所示，利用有趣可爱的动画、亲切的提示语言，拉近用户与设备的距离，使用户体会到人机交互的顺畅和自然。

图 8-10　空状态页的情感化设计

8.1.2.4 输出研发

提交给开发工程师的产品设计方案，不仅仅是设计效果图，设计师还需要提供清楚的标注图和设计说明，标注内容主要包括交互描述和动效描述。

（1）交互描述

为加深开发工程师对产品交互设计的了解，UI设计师应将界面中各元素间的关系、关联形式说明标注清楚。如图8-11所示，当交互效果有别于默认显示效果时，UI设计师必须将交互动作发生时及发生后的所有效果图提供给开发工程师，并使用文字标注说明，才能保证实现预计的设计效果。

图 8-11　交互效果标注

（2）动效描述

动态效果是互联网产品常用的设计形式，如翻页效果、滑动效果等动效。一个简单的动效可承载丰富的信息量，且表现形式灵活生动，是提升用户体验的重要因素。UI设计师要重视动效描述，应将设想的动态效果清楚形象地描述给开发工程师，尽可能以动画格式展示动态效果，此举可有效提高工作效率，降低沟通成本。

8.1.2.5 可用性测试

在产品正式上线前，需要输出一套测试版本的产品，邀请专业用户和非专业用户对产品进行体验测评。以画面、视频的形式记录体验过程，收集测评反馈并将反馈结果分为专业用户、非专业用户进行分析。根据测评对象、方法的不同，可用性测试包括不同的类型，采用不同方法所得到的测试效果也不尽相同。以下主要介绍认知预演、启发式评估、用户测试法3种可用性测试方法。

（1）认知预演

认知预演是适合专业用户、产品开发人员的测试方法。可在UI设计完成后对测试版本的产品进行评估，也可在UI设计前期对产品原型进行体验评估。认知预演首先要设定一个目标用户角色，并为其设计一个体验过程。在体验预演过程中，测评人员以角色身份不断地提出问题,主要针对各项操作的效果、目标任务实现程度进行提问,包括是否实现用户角色的预期结果,是否有更佳的解决途径等内容。

（2）启发式评估

启发式评估是适合专业用户从专业角度解决问题的测试方法。由4位~6位专业人士组成,他们从专业角度对产品的每个界面进行独立评估,最后针对独立评估结果进行集体讨论,总结共性问题并提出针对性的解决方案。

（3）用户测试法

用户测试法是适合真实用户的测试方法。测试的关键是对真实用户的体验过程进行必要的观察、记录、评估,可准确反映用户使用产品的状态。

产品可用性测试通过模拟测试进一步完善优化产品设计,获得测试结果并不是测试的目的,对测试评估的反馈结果进行整合分析,找到产品的漏洞和提升方向从而对产品进行修改和优化。

8.1.2.6 产品上线

完成上述流程后,产品达到了上线标准,设计师应配合运营人员开展上线工作。产品上线并不意味着工作结束,而是产品优化的开端。产品上线后会获得真实用户的反馈信息,通过后台的监测数据汇总分析用户使用产品过程中出现的问题,在解决问题的同时,设计开发人员应结合技术升级,做好产品的更新迭代工作。

8.1.3 交互设计的要点

为了贴近用户,提供最佳的服务体验,依据用户的使用逻辑,交互设计师应不断地思考探索,总结出适用于大多数产品、可有效提升用户体验的交互设计要点。这些设计要点来源于广泛的工作实践,对产品的交互设计具有一定的启发性。

（1）点击区域合理化

可点击区域应具有合适的点击范围,在页面的合理范围内保证点击区域的最大化,方便用户操作,降低点击的失败率。如图8-12所示,左侧图的点击区域包括图片和"TOEFL",点击范围较大,设置合理;右侧图的点击区域只有"IELTS"部分,点击区域相对较小,用户点击失败率会相应地增加,易引发响应不良的操作。

图 8-12　点击区域对比

（2）就近原则

就近原则指将相关联的环节和要素进行就近排布，以保障操作的顺畅和便捷。如图8-13所示，以中公初级会计考试报名的网页为例，具体分析就近原则的运用。报名参加考试的用户操作逻辑一般为：浏览会计报名公告——考试报名——浏览图书或辅导班次情况，按照这一逻辑设置版面的排布，将用户可能需要的信息放在相近的位置。"报名时间和报名网址""点击报名""扫码领取初级备考资料"按照从左到右的阅读顺序排布，符合用户逻辑，满足了用户从查询浏览到报名学习的所有需求，提供了便捷高效的操作。

报名时间：2018年11月1日—11月30日
报名网址：全国会计资格评价网
点击报名
扫码领取初级备考资料

图 8-13　就近放置

（3）减少用户选择

过多的信息量会干扰用户的选择，增加其做决定的难度。因此页面的信息设计应简洁、重点突出，将相关的内容进行归类合并，页面应放置必要性的内容，减少用户的操作步骤和备选项。产品结构和界面信息设计都应遵循这一原则。如图8-14所示，关于初级会计报名的信息众多，但页面只罗列了6条相关信息和"查看更多+"选项，6条信息基本涵盖了初级会计报名的信息和疑问。页面信息一目了然，重点突出，如需更多资讯点击"查看更多+"选项即可。精练准确的信息排布，大大减少了用户选择和浏览的时间。

初级报名相关信息   查看更多+

• 2019年全国各地区初级会计职称考试报名入口   • 2019年初级会计职称考试报考指南

• 2019年各地区初级会计职称考试资格审查方式   • 2019年各地区初级会计职称考试报名费用

• 财政部:2019年初级会计师考试有关问题答记者问   • 2019年初级会计职称考试报考条件解读

图 8-14 减少用户选择

（4）考虑记忆区间

在设置标签和选项时,设计师应考虑用户对信息的记忆承载量。在一个页面中,用户的记忆量一般是5个~9个事物。如图8-15所示,导航栏有5个标签,符合用户记忆区间的标准。通常情况下,手机端的产品标签数量应保持在5个以内,Web端的产品标签数量应保持在9个以内。

offcn中公会计 中公首页｜面授课程｜图书商城｜网校课程｜联系我们   全国联系电话:400-6053-513

图 8-15 记忆区间

（5）以用户需求为本

通过精细化分析确定产品的目标用户,以目标用户的需求作为设计依据。设计师需要在文化背景、民族习俗、生理特点、使用习惯等众多信息数据中找到用户的共性需求,将这一需求反映到产品设计上。例如,以用户年龄这一生理特征为例,不同年龄段的用户对产品的需求也不相同。儿童处于视力成长阶段,对产品的诉求是保护视力,因此屏幕与色彩的设计应考虑对儿童视力的保护;而考虑到老年人视力不佳的生理特点,在设计上应注意字体字号的大小、背景颜色的设置,以及语音输入、手写输入等功能的载入。以用户的需求为本,根据不同样本的特征设计对应需求的产品功能,才能提升产品的针对性。

（6）突出核心功能

用户的需求文案通常包含各种各样的功能需求,面面俱到但无法做到面面精通,从用户的角度来说,可用性、易用性、差异性始终是判断产品性能的标准。因此,对产品功能进行筛选和评估是设计开始前必须完成的工作。设计师应着眼于产品定位和需求本身,逐一探讨某一项功能的必要性、优先级以及实现的可能性等问题,梳理出产品的核心功能,突出强化核心功能并将其打造为产品的主打功能。

8.2 关于用户体验

8.2.1 什么是用户体验

用户体验是设计领域使用频率极高的用语，由唐纳德·诺曼于20世纪90年代提出。用户体验（User Experience）指的是用户在使用产品过程中产生的纯主观感受。

（1）用户体验的概念

ISO（国际标准化组织）将用户体验定义为：用户在使用一个产品或系统之前、使用期间和使用之后的全部感受，包括情感、信仰、喜好、认知印象、生理和心理反应、行为和成就等各个方面。而实际上，用户体验就是用户对某一产品的使用感受，直观感受就是"这个东西不太好用""这个东西用起来太方便了"。

随着计算机技术和互联网的日益成熟，技术创新形态也在发生着转变，注重以用户为中心、以人为本的设计理念已经成为产品设计领域的共识。用户体验被称为中国知识社会创新2.0模式——应用创新园区模式探索的精髓和"三验"创新机制之首。在可预见的未来，用户体验将更广泛地应用于众多领域和行业中。

（2）用户体验与交互设计的关系

用户体验包含内容、功能、性能、可用性等多个层面的体验，每一层面都影响着用户的实际感受。交互设计是用户体验的重要组成部分，用户体验对交互设计有指导作用，是交互设计的首要标准，图8-16以结构图的形式展示了两者的关系。在整个交互设计过程中，设计师应以用户体验的数据和标准进行产品交互的考量和设计。

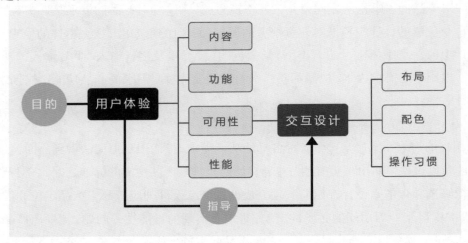

图8-16　用户体验与交互设计的关系

8.2.2 用户体验五要素

《用户体验的要素》一书将用户体验分为战略层、范围层、结构层、框架层、表现层这五要素。这些要素包含了产品从前期策划到后期成品展示的整个流程。如图8-17所示，五要素自下而上地构建了产品的基本架构，每个层面都有必须解决的针对性问题，五要素之间相互制约又环环相扣，每个层面在影响上一层面的同时，也受到下一层面的影响。战略层到表现层是从抽象到具体的过程，随着层级的不断上升，所解决的问题和所做的决策变得越来越具体和细化。五要素能准确地回答产品制作中"为什么做、做什么、怎么做"等一系列问题。

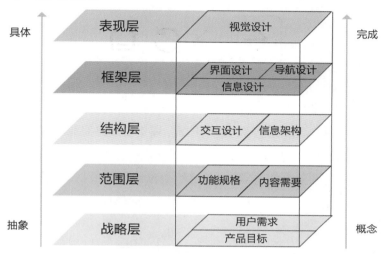

图 8-17　用户体验五要素

（1）战略层

对于产品开发来说，首先考虑的是为什么做这个产品、产品的使用群体，用户需求和痛点、能为公司带来的商业价值、存在的商业风险等，这些都是战略层面需要考虑的问题。在产品设计之前，战略层面应对产品的整个周期进行统筹规划，主要从产品目标和用户需求层面考量，明确产品的目标用户、定位和核心功能，由此确定产品的战略层目标。

（2）范围层

根据战略层确定的目标，围绕"开发什么产品"展开思考，整合产品功能与用户需求，整理分析出符合战略目标的产品的基本功能和内容范围。通过分析产品的项目背景和目标、需求情况、非功能需求、主要功能、次要功能、包含内容范围等数据，最终形成完整的产品需求说明书，进而明确产品设计的功能和内容。

（3）结构层

结构层决定了产品的结构层级，包括产品的交互设计和信息架构两方面。在结构层的交互设计中，最重要的是理解用户的思考方式和行为习惯，并将其应用到产品设计中，尽量避免与用户习惯相悖的交互设计。如图8-18所示，左向箭头被认为是"返回"

按钮，用户默认点击按钮即可回到上一个页面。对于这类因约定俗成或使用习惯而形成的惯性设置，在设计中应加以遵循，而不能反其道行之，增加交互难度。

信息架构是产品内所有元素、架构、内容的组合排列方式，因产品存在不断更新迭代的情况，信息架构也需随时进行添加、调整。常见的信息架构类型有层状架构、矩阵架构、自然架构、线性架构等。根据产品的特点选择合适的架构类型，才能保证层次架构的清晰和产品使用的便捷。

图 8-18　返回按钮

（4）框架层

结构层针对的是产品界面之间的框架结构，框架层则是对每个界面进行具体优化。框架层主要从界面设计、导航设计、信息设计等方面确定基本框架，明确界面视觉的清晰度、操作的便利性、信息的优先层级，最终绘制出线框图或低保真原型图。这是由抽象概念形成具体界面的过程，具体的、可图形化的界面有助于进一步分析产品设计。

●界面设计

界面设计重点显示的是主要的操作功能、控件、内容布局等核心内容，整体布局应主次分明，界面功能要易操作，避免用户产生错觉、迟疑，尤其是以任务为导向的工具型产品。界面设计所呈现的清晰度、层次感都直接影响着任务完成度和用户的体验感受。

●导航设计

明确清晰的导航可准确告知用户所在的位置，并能提供指引跳转功能。导航设计对于内容多的内容型产品尤为重要，这类产品多会设置二级、三级甚至更多层级的导航，用户能在琳琅满目的页面快速准确地穿行是衡量导航设计效果的重要标准。根据界面类型选择侧重点不同的导航，可最大程度地发挥导航设计的优势。

●信息设计

信息设计是工具型产品和内容型产品主要考虑的问题。这两类产品包含的信息较多，应保证信息沟通的有效性，确保用户充分理解产品信息，并通过使用信息顺利完成任务和目标。

（5）表现层

表现层涉及的是用户所见产品的外在表现形态，视觉美感是这一层面必备的产品要素，如图8-19所示。在产品的商业目标和用户的使用需求之间，设计师应寻找一种平衡，通过恰当的设计形式展现产品的气质，设计出与产品气质相契合的视觉表现效果，运用视觉、听觉等多种感官元素打造产品的多元化呈现形态。

图 8-19　视觉设计

8.2.3 用户体验的分类

在充分了解用户需求和信息的基础上,结合网站产品的属性特点进行分类,网站的用户体验可分为感官体验、交互体验、情感体验、信任体验、浏览体验,这5种体验相互影响但又各有侧重,共同影响着用户的产品使用体验。

（1）感官体验——注重感官上的舒适性

感官是指视觉、听觉、触觉、嗅觉、味觉等基于人器官的基本感觉,感官体验注重的是用户感官上的舒适性。应用于产品体验层面,感官体验是指用户在浏览网站、使用产品和服务过程中所产生的各种感官上的体验。最直观的感受是视听感受,页面的布局、色彩、背景、音效等都属于视听范畴,具体包括设计风格、网站LOGO、页面布局、页面色彩、动画效果、页面导航、页面大小、图片展示、广告位、背景音乐等多方面的内容。

（2）交互体验——注重操作上的易用性

交互体验是指用户在使用产品、访问网站的过程中产生的主观感受,注重的是操作的易用性。影响交互体验的内容有会员情况、会员注册、表单填写、表单提交、按钮设置、点击提示、错误提示、在线问答、意见反馈、在线调查、在线搜索、页面刷新、新开窗口、资料安全、显示路径等方面的内容。这些内容涉及的多是填写、提交、点击等操作,其满意度表现在用户操作的易用性、可用性上。

（3）情感体验——注重心理上的友好性

情感体验是指用户在使用产品和服务时所产生的心理感受。这些感受可能来源于网站的友好提示、会员交流、售后反馈、会员活动、专家答疑、邮件或短信问候、好友推荐、网站地图等方面的内容。情感体验是针对用户开展的友好性服务，注重用户心理上的友好性。通过传递产品情怀，吸引有情感共鸣的用户，使用户在情感上从最初的好感逐渐升华为共情，产生高度的情感认可效应，由此加强用户黏性。通过用户的口碑传播，增加产品的宣传和使用。

（4）信任体验——注重服务上的可靠性

信任体验是指用户在使用产品和服务时所产生的心理安全体验。信任体验来源于网站搜索引擎、公司介绍、投资者关系、服务保障、文章来源、编辑作者、联系方式、服务热线、有效的投诉途径、安全及隐私条款、法律声明、网站备案、帮助中心等方面的内容。这些内容具有正规性、保障性、明确性，能为用户提供安全可信赖的使用环境。信任是决定用户能否长期使用产品的关键因素，建立信任感是比较困难的过程，需要长期的观察、使用和磨合，为用户提供基本的安全保障是产品不可或缺的设计环节。

（5）浏览体验——注重浏览上的吸引性

浏览体验是指被浏览产品的视觉、服务的吸引程度。影响用户浏览体验的有栏目的命名、栏目的层级、内容的分类、内容的丰富性、内容的原创性、信息更新频率、信息编写方式、新文章的标记、文章导读、精彩内容推荐、相关内容推荐、收藏夹设置、栏目订阅、页面打印、文字排版、文字字体、页面底色、页面长度、分页浏览、语言版本等方面的内容。信息的浏览体验注重页面内容的吸引性。可在页面特色、设计风格等方面下功夫，根据目标用户的操作习惯满足用户需求，从而提升产品的吸引力。

8.2.4 用户体验的设计原则

（1）界面的可见性

界面的可见性指产品界面为用户所见的程度，可见性越高，用户满意度则越高。可见性包括内容可见、状态可见、变化可见。使用户轻而易举地知晓可见的和应见的界面信息、产品状态、数据变化等情况，是用户体验的基本设计原则，也是每个产品必须具备的性能。例如，在加载过程中，界面应给出可见的信息提示，使用户了解加载的进程。如图8-20所示，左侧图显示的是Web端的加载状态，采用占位符的形式，以红色方框中的形状代替要显示的图片；右侧图显示的是手机端的加载状态，采用红色框中的加载符号和文字提示用户程序正在加载中。

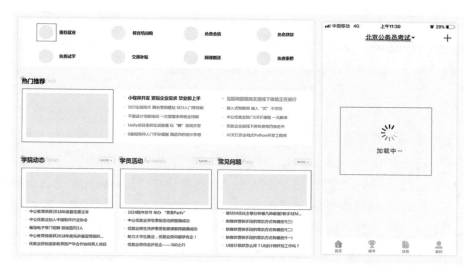

图 8-20　加载页面的可见性

（2）防错和容错原则

对于产品操作,设计师应考虑误操作的情况,这涉及防错原则和容错原则。这两个原则的作用是减少错误操作,引导用户完成任务。防止错误操作、提供必要性引导是防错原则的主要内容。在操作层面,首先要极力避免发生错误操作,因此应设置及时准确的提示信息,引导用户进行正确操作。用户一旦出现错误操作容错原则就开始发挥作用。容错性是指产品对错误操作的承载性能,即一个产品出现错误操作的概率和错误出现后得到解决的概率和效率。容错原则对错误操作给予及时提醒,越严重的错误,提醒的等级就越高,同时要提供补救错误的办法。

如图8-21所示,左侧图体现的是防错原则。输入框中给出了"请输入手机号""请输入密码"的提示信息,提醒用户输入正确的登录信息,减少出错概率;右侧图体现的是容错原则。当用户出现错误操作后,页面给出了"账号格式错误""密码错误"的错误原因说明,引导用户及时修正操作,同时也提供了"找回密码"这一解决忘记密码的补救方案。

图 8-21　防错和容错设计

（3）一致性原则

一致性原则体现在设计规范和设计过程的一致性上。在设计之初应形成一套完整的产品设计规范，这套规范包括视觉规范、交互规范、内容规范等内容，每一个相同等级的信息应处于相同的层级，每个层级对应着一套标准的设计规范。

一致性原则在产品设计中至关重要。在视觉呈现上，整体风格的一致性使产品具有协调统一的视觉效果，可形成自然划分层级的效果，有助于塑造成熟、完整的产品形象。在操作层面上，层级和操作的一致性使用户更容易对产品形成统一的认知和理解，有助于降低学习成本，缩短熟悉操作的时间。如图8-22所示，通过判断"模考大赛"和"我的"字体字号可知，这两个模块处于同一层级，用户由此可判断出自身所处位置。

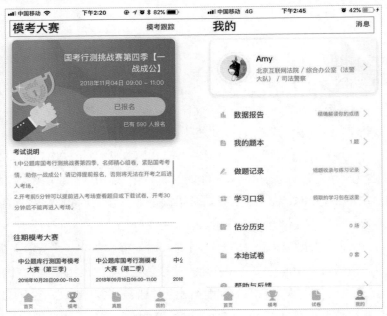

图 8-22　产品设计的一致性

（4）融入智能化服务

智能化时代，产品设计应适当融入智能化的功能，为用户提供便捷高效的服务。常见的智能化功能是信息的记录与分析。在记录信息方面，应对所记录的信息进行适时提示，可记录账户用户名、登录密码、自动保存草稿、搜索记录等；在分析方面，通过对购物车、订单记录、学习情况等数据的分析，可汇总出用户的消费需求、消费情况、做题情况等综合性数据，为用户提供相应的商品推荐和学习指导。如图8-23所示，左侧图主要记录具体的做题情况和完成时间，右侧图是基于做题数据而得出的练习报告，有针对难度、正确率的分析，将错题单独列出，帮助用户有针对性地进行复习。

图 8-23　记录分析功能

（5）简约易读原则

从用户使用角度出发，力求精简页面信息，突出必要功能和重要内容，解决用户的核心需求，保证页面信息简单易读，提供高效的服务体验。这一原则包括两方面，一方面是使产品看起来足够简洁，另一方面强调的是产品的易读、易用。产品页面应简约清晰，分类信息明确，用户可快速找到所需信息。易用性要充分考虑用户的使用习惯、使用环境的变化、文本内容的易读性、页面布局的易操作性等诸多因素，应将实用性和易用性紧密结合。如图 8-24 所示，页面布局简约清晰，分类信息易读性强。

图 8-24　简约易读的页面

（6）帮助反馈原则

帮助和反馈功能是产品的必要性设计，赋予了用户对产品的掌控权。随着产品种类功能的多样化，将帮助信息集中放在无所不包的"Help"中的设计已不能满足用户的需求。帮助功能，应做到及时提醒、面面俱到，不仅提供操作帮助，还可以提供建议，真正发挥产品的帮助作用。搜索显示的相关内容、图标的文本注释等都属于帮助功能。反馈功能对用户的操作进行告知、提醒，告知的是当前使用状态、位置，操作执行情况等，提醒的是用户操作会触发的功能或引起的错误操作。如图8-25所示，页面上下两端的提示功能，使用户在操作中可随时查看和了解当前的操作进度。

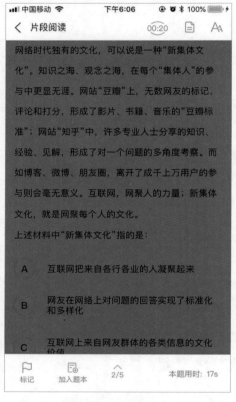

图 8-25　提示功能

8.3 情感化设计

情感化设计旨在抓住用户注意力、诱发情绪反应以提高执行特定行为的可能性。情感化设计遵循以人为本的设计理念，设计师通过设计手法，对产品的颜色、材质、外观、点、线、面等元素进行整合，使产品能影响人的听觉、视觉、触觉等感官，进行由联想到心灵的沟通，从而产生共鸣的情感设计。

8.3.1 情感化设计的层次

对于产品应用，无论是用户自身还是产品开发商，都越来越关注人的感性心理需求，对情感的互动和需求成为产品设计的重要环节。对于这一现象，大脑活动的层次理论或许能给出合理的解释。

美国心理学家唐纳德·诺曼教授将大脑对外界的反馈认知分为本能层次、行为层次、反思层次。本能层次的设计强调视觉感官体验，行为层次的设计强调操作的功能性，反思层次的设计强调情感体验。3个层次体现了从表层到情感的认识过程，可将情感设计理解为用户体验的延伸，情感设计贯穿于产品设计的始终，在产品与用户之间建立关联，可带给产品更为长久的生命力和对用户更为积极的引导作用。

（1）本能层次

本能层次是指人先天的部分，源自人类本性的层次。本能层次强调感官的刺激，体验主要来自外形、色彩、声音、材质、重量、气味等基于人感官的刺激。本能层次要求设计更关注感官上的体验，可简单理解为网站页面越符合本能层次的设计思维，就越容易被用户接受和喜爱。如图8-26所示，页面通过色彩、气球等象征物营造出欢快、喜庆的节日氛围，使用户在视觉上感受到电商网站热闹的元旦跨年活动气氛。

图 8-26 本能层次设计

（2）行为层次

行为层次是指控制人们日常行为的部分。行为层次的设计集中了产品的核心设计，强调产品的功能性、可理解性、易用性和设计感，其中最重要的部分是功能性。功能性始终是产品立足和吸引用户的根本，不断完善优化功能是行为层次的重要工作。

（3）反思层次

反思层次是指人用大脑进行思考的部分。反思层次涉及的是复杂的情感，它允许用户在本能层次和行为层次的共同作用下产生情感和认识。从网站的设计上看,反思层次的设计不仅仅满足于页面的美观,更要着眼于建立品牌长远的影响及内在价值的认同。与本能层次设计相比,反思层次的设计对用户产生的影响更为持久和深刻。

8.3.2 情感化设计的要点

在技术革新不断加快和产品趋同性日益增强的市场环境中,情感化设计在产品设计中占据着越来越重要的位置,甚至成为决定用户选择的关键因素。将个人感受和情绪认知等情感因素融入产品设计中,应注意把握以下几个要点。

（1）突出产品的核心功能

产生愉悦体验的第一步是满足用户所需,即用户使用产品能顺利完成任务。一般通过强大的核心功能使用户保持注意力的集中,因此网站页面设计应突出核心的功能设置,减少其他干扰性因素。例如,在进行主要功能操作时,页面不能出现广告、悬浮窗口等干扰用户完成任务的设置,流畅、快速的功能操作会使用户形成"易用""好用"的直观体验。

（2）趣味性的表达形式

将具有趣味性、人情味的表达形式融入页面设计中,赋予产品温度和交流感,有助于提高产品的好感度,使用户对产品形成"有趣""还想用"的体验感受。有趣又易于理解的事物往往更容易受到用户喜欢,设计中尽量避免使用过多枯燥乏味的工程化语言。将时下流行的用语和趣味性的表达元素运用到页面设计中,不失为快速获得用户认同和好感的一种方式。

（3）积极情绪的引导干预

面对不可避免的等待、突发的网络状况、响应时间过长等不符合预期的操作情况时,用户可能会产生焦虑、不耐烦等负面情绪。如果任由这种情绪发展势必会影响用户对产品的整体感受,设计师应针对性地进行积极情绪干预,缓解用户的负面情绪。例如,在合理调整响应时间的基础上,设计师可通过设置趣味性的引导来化解用户因等待所产生的负面情绪,也可通过预期设置,提前透露接下来的内容来引起用户的兴趣。积极响应用户操作行为是疏导情绪的有效手段。如图8-27所示,无法加载的网页出现了"404"错误页面,以有趣味性的画面传递信息,可起到缓解负面情绪的良好效果。

图 8-27 "404"错误页面

8.4 网站的用户体验

8.4.1 网站用户体验的内容

网站的用户体验主要从网站结构、页面布局、信息内容进行讲解。

8.4.1.1 网站结构

网站结构是提升用户体验的关键环节。网站结构是SEO（搜索引擎优化）的重要内容,是影响网站用户体验效果的重要指标之一,对页面重要性排名起关键性作用。清晰的网站结构可帮助用户快速获取所需信息,常见的网站结构有物理结构和逻辑结构。

（1）网站的物理结构

网站的物理结构是指网站目录及文件位置所呈现出的结构,常用的网站物理结构有扁平式结构和树形结构。

● 扁平式结构

图8-28展示的是扁平式结构,所有页面都放在根目录级别下,形成一个扁平的物理结构。这种结构比较适合小型网站,不适宜内容多且复杂的大型网站,如果很多文件都放在根目录下,就会增加制作和维护的难度。

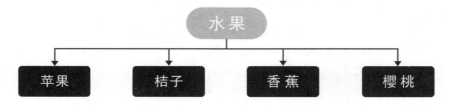

图 8-28 扁平式结构

●树形结构

图8-29展示的是树形结构,即根目录细分成多个目录,每个目录下再存储属于该目录的终极内容网页。目录和页面之间有层次关系,页面内容丰富的网站多采用树形物理结构。相对于扁平式结构来说,树形结构更易于管理,但搜索引擎抓取困难较大(导入足够的内部链接即可以解决这一问题)。

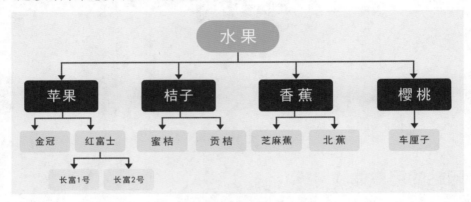

图 8-29　树形结构

（2）网站的逻辑结构

网站的逻辑结构是指由网页内部链接所形成的逻辑网络,也称为链接结构。优秀的逻辑结构应与树形物理结构相吻合。

逻辑结构由网站页面的相互链接关系决定,而物理结构由网站页面的物理存放地址决定。网站的逻辑结构同样分为扁平式结构和树形结构。目前网站的管理十分灵活,可根据网站的规模和关键词热度选择适合的网站结构。

8.4.1.2 页面布局

页面布局是网站整体呈现的布局形式,直接影响了用户的视觉感受,可通过调整网站的页面布局来提升用户对网站的体验度。

（1）根据用户浏览习惯布局

一般用户的浏览习惯是从上至下、从左至右,因此网站页面应呈现上部重于下部、左侧重于右侧的视觉效果,将用户的视觉焦点集中于页面的上部、中上部的位置,因此在网站内容安排上,应将重要内容置于这两个位置区域。

（2）根据网站特点选择框架

常见的页面结构是"T"字型、"国"字型,如图8-30和图8-31所示。页面框架结构应根据网站的目标用户群体、网站定位、内容容量等情况进行选择。

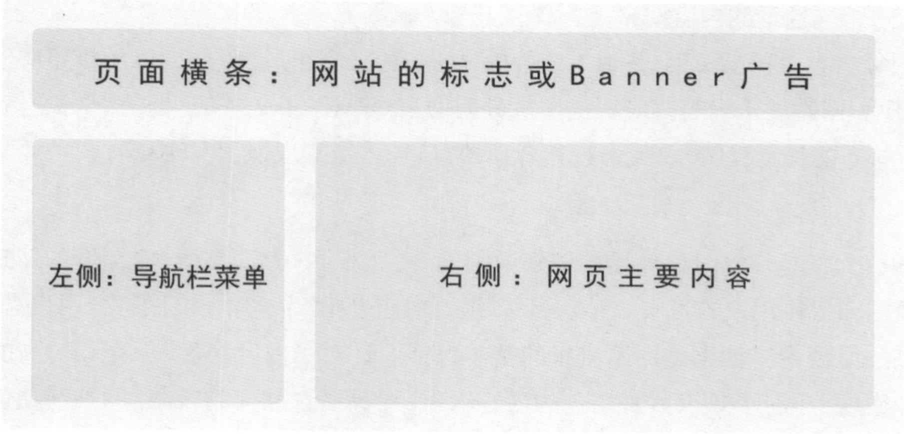

图 8-30 "T"字型

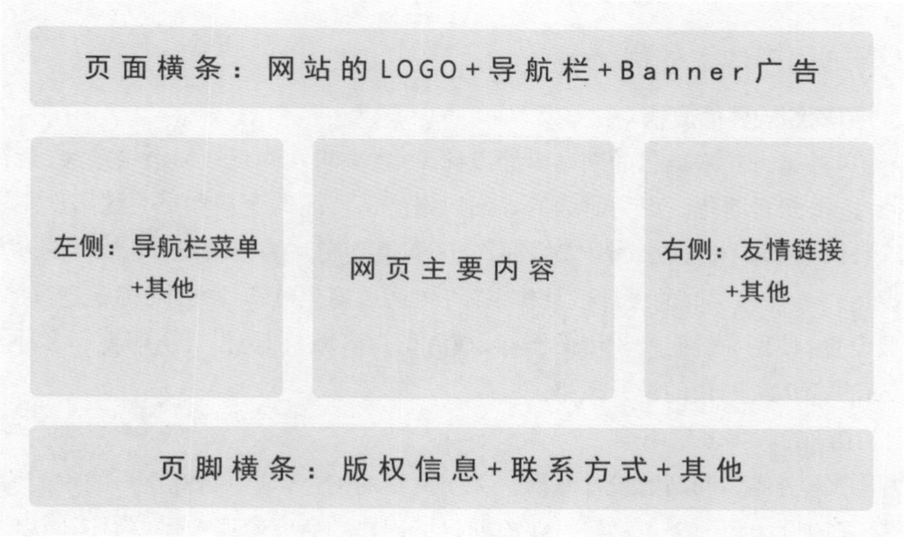

图 8-31 "国"字型

（3）设置合适的分辨率

网站的分辨率也是影响用户体验的因素之一。过低的分辨率会影响用户的视觉浏览效果，过高的分辨率则会使加载速度变慢。目前网站常用的分辨率是 $1024px \times 768px$、$1600px \times 900px$，应根据网站的定位和需求等具体情况选择适中的分辨率。

（4）布局合理的网站广告

广告是网站的重要组成部分，一般分为弹出广告、浮动广告、通栏广告等形式。广告的布局应以不干扰用户浏览操作为基本原则。例如，浮动广告多设置在网站页面的左右两侧，不会遮挡页面的主要内容，对用户的浏览也没有太多的干扰。

（5）恰当合理的内容排布

网页内容由包括文字、图片、动画在内的多种元素组成，具体内容的排布应做到清晰、有序。网站展示内容时应根据主次分明、层次清晰、图文搭配、繁简恰当等要点，安排内容排布的松紧程度，将元素进行合理的布局，才能实现视觉上的和谐。

8.4.1.3 信息内容

内容为王是信息时代倡导的传媒原则之一，归根到底，高品质、有深度的网站内容才是吸引和留住用户的根本。结合目标用户的定位和产品的本质，做符合用户需求的、高质量的原创内容输出是网站流量的基本保证。针对于内容层面，保证相对高的更新频率和密度，与时下热点紧密结合的内容输出，对高质量软文的转载，网站活动优惠的提前预热，适当添加微博、微信等多种分享互动形式等都是吸引用户浏览和关注，不断提高用户体验的可供参考的方式。

8.4.2 网站用户体验的优化

（1）更简约的界面风格

简约风格是近年来流行的网站界面设计风格，要求在网页布局上做减法，设计师需要花心思进行元素简化。更为简约的界面风格应从产品的全局和更关注用户需求的角度展开设计，主要进行减法设计、对页面分区和提高交互的创新设计、融入更多感情因素、把握用户心理等层面的设计。具体来说，可通过简化色彩种类，对标题进行加大、加粗、加黑设置，使用简约有辨识度的图标，放大留白区域，图标设计更明亮等多种方式凸显界面简洁、清晰、明快的设计风格。

（2）用户的审美才是审美

以用户审美作为网站的设计基准。关于网站的配色，应以目标用户的审美为基础，不宜过分强调设计师的个人喜好。在前期目标用户的研究阶段应做好对不同用户喜爱色彩的数据分析，预选出与产品特征相契合的几种备选色彩。同时，设计师应积累广泛的素材，结合产品自身优势和备选色彩，设计出有辨识度、具有舒适视觉效果的作品。如图8-32所示，以中公教育旗下的优就业网页为例，页面简洁大方，重点突出，配色简约清新，呈现出较为舒服的视觉效果。

图 8-32　优就业网站

（3）保持视觉和布局的统一

统一性是网页设计中的基本规范，几乎囊括了设计中的所有元素。网站建设过程中的统一性是创造可用性高且一致和谐的产品的前提。网站的统一性主要表现在以下方面。

●主色、辅色及整体色调的统一

基于人对色彩的敏感度，色彩有帮助人脑形成记忆的作用。色彩作为传递品牌效应的关键视觉因素，有利于树立品牌的形象。因此很多产品会选择一种色彩作为主色调，强化人们对产品的色彩记忆。例如，微信的主色调为绿色，支付宝的主色调为蓝色，提到这两个应用最先映射在人们脑海中的就是应用图标的色彩。网站设计也同样如此，主色调是强化产品必不可少的要素。在主色调之外，辅助色应与主色调相协调，保持色调风格上的和谐统一。如图8-33所示，页面蓝色的主色调与banner图的蓝色形成呼应，呈现出和谐的视觉效果。

图 8-33　色调统一

●网站结构的统一

网站结构包括网站布局、文字排版、导航、图片背景等内容。通过对页面元素一致风格或相近风格的运用，营造出有序规范的视觉呈现效果。企业网站的设计尤其注重结构的统一，易塑造出权威、可信、专业的企业形象。网站结构的统一是网站风格统一的基础，也是网站营销的重要保障。如图8-34所示，页面图标采用风格类型相同、尺寸统一、装饰图形相近、对齐方式一致的设计，与所有元素共同构建了风格统一的页面视觉效果。

图 8-34 企业网站

●特殊元素的统一

在网站中，某些特殊装饰元素或具有一定含义的特殊符号重复出现也会形成和谐统一的视觉印象。如图8-35所示，页面中的特殊元素是扇子，扇子的特征形象以不同形式不断重复地出现在页面中，设计形象上具有关联性，营造出统一的视觉效果。

图 8-35 特殊元素的统一

第9章
移动平台的UI设计

9.1 了解 APP 的 UI 设计

APP的全称是Application,指智能手机的第三方应用程序,目前多指iOS系统、Andriod系统中的应用程序。随着移动互联网的迅猛崛起,移动端的软件与硬件也随之快速发展,手机APP应用获得了空前的发展,已从最初的渠道垄断型内置APP发展到现今的开放商城式自由下载APP。

APP在人们生活中占据着日益重要的位置,中国已成为APP增长速度最快的国家之一。相关调查显示,用户每天花费在手机和平板电脑上的平均时长为158分钟,其中127分钟花费在各类APP上,仅有31分钟在浏览网页。庞大的用户需求催生了APP应用市场的繁荣,经过前期井喷式的增长,APP市场已逐渐进入成熟期。在琳琅满目的APP应用商店中,下载量和好评度皆高的APP,设计细节也都趋近完美,这对APP的UI设计品质提出了更高的要求。

9.1.1 APP 的 UI 设计趋势

对APP的UI设计风格和趋势的了解,有助于设计师更好地开展设计工作。根据近年来APP的发展情况,总结出UI设计风格的整体发展趋势,具体如下:

（1）扁平化风格

自兴起后流行至今,扁平化风格目前仍是界面设计领域的一个主流方向。扁平化设计强调突出主体,弱化装饰,界面呈现极为简洁的效果,其设计核心是去除冗余、厚重和繁杂的装饰。如图9-1所示。

（2）插画风格

插画风格对UI设计师的综合能力提出了更高的要求。插画以简洁有趣的方式传递产品的形象和情感,可增添产品的亲切感与好感度。插画在APP界面中应用广泛,在启动页、banner图、弹窗、icon图标等方面皆有应用。时下流行的有肌理插画、扁平插画、手绘风格插画、2.5D插画、渐变插画、MBE插画、线性插画、剪纸插画等多种插画风格。图9-2为手绘风格插画。

图 9-1　扁平化风格　　　　　　　　　　图 9-2　手绘风格插画

（3）应用渐变色

在 APP 界面设计中，如果一味地采用扁平化设计，完全扁平化的界面会呈现出缺乏个性、设计生硬雷同等视觉印象。而渐变色的应用可有效调和扁平化风格的单调，通过色彩有层次、有规律的变化赋予界面灵动、丰富的视觉效果。

著名的渐变色应用是 2016 年 Instagram 的更新，它的 APP 图标、LOGO、按钮、界面图标都通过渐变色进行过渡，界面呈现柔和、丰富、明快的设计效果，实现了 Instagram 使界面更简洁、一致的设计初衷。随后众多 APP 界面设计也开始使用渐变色，渐变色的应用逐渐成为一种设计风格。随着应用范围的不断扩大，对渐变色的应用出现了新的尝试，伴随着动作的转换，颜色也对应实现渐变的平滑过渡，逐渐形成了字体颜色的渐变、背景颜色的渐变等多种形式。如图 9-3 所示。

图 9-3　渐变色的应用

（4）应用3D效果

3D效果所呈现的立体感、可视化效果，使产品更为真实，更易被用户所接受和理解，是表达效果良好的界面设计形式。但因3D效果的文件过大，为了确保网页的速度、性能、可访问性等，设计师对这种表现形式一直保持克制的使用态度。随着技术和产品的不断优化升级，3D效果的可用性大大增强，成了目前比较流行的设计风格。如图9-4所示，3D效果展示了元素的立体感，页面饱满且丰富，衬托出欢快的氛围，具有极强的代入感。

图 9-4　3D 效果

9.1.2　Web UI 与 APP UI 的区别

操作方式和承载媒介的差异决定了APP与Web在UI设计上的不同，以下将从交互方式、设备尺寸、使用环境、网络环境等层面进行具体分析。

（1）交互方式

Web：以鼠标或触摸板为操作媒介，通过点击、移动、滑过、拖动等方式进行操作。

APP：手指触控屏幕即可直接操作，有点击、拖动、捏合、多点触控等多种手势操作方式。在交互方式上，APP UI 设计应注意以下几点。

与手指操作相比，鼠标更为精确，因此 APP UI 设计要注意将按钮点击区域设置得尽可能大，各元素的间距不宜过近，减少误操作的概率。

APP 应以自然手势作为交互手势，例如，图片放大、缩小的手势类似于撑开、捏合的手指动作。另外，手势操作要考虑学习成本，应合理设计手势操作的数量和形式。

APP 操作应考虑用户手指可操作的范围，设计适合单手、双手操作的手势，并测试单手、双手操作的可能性和便捷性。

（2）设备尺寸

Web：PC 客户端不同，其界面分辨率也不同，因此需考虑可兼容的窗口最大化的尺寸，以及浏览器窗口缩放时的显示效果。

APP：移动端设备的屏幕尺寸比 Web 端要小很多，但存在屏幕尺寸多种多样、分辨率差距大、横竖屏显示等问题。APP UI 设计注意以下几点。

APP 页面可显示的内容有限，因此应明确展示信息的优先级，优先展示重要内容，次要内容可适当隐藏或删减。

不同型号手机的界面分辨率不同，应考虑界面的布局、图片、文字等元素的适配性，根据设计规范适配不同的机型。

鉴于游戏、视频横屏显示效果更佳的共识，APP 设计需要考虑横竖屏转换的情况，主要针对横屏的切换场景、切换方式、显示效果等进行设计。

（3）使用环境

Web：Web 多在 PC 端使用，使用环境相对稳定，多为室内环境，不会频繁移动位置。

APP：使用环境复杂多变，室内稳定环境、乘坐交通工具等动态环境都是 APP 常见的使用环境。或站或坐或卧或走，姿势多样。APP UI 设计应注意以下几点。

APP 多变、动态的使用特性为 UI 设计增加了难度。用户的注意力容易被分散，因此设计多采用元素简洁、重点突出的风格，减少干扰性元素。

APP 碎片化阅读和分散的使用频次，要求设计时考虑设置添加书签、自动定位上次浏览页面等记录历史操作的功能。

在行走或乘坐交通工具等动态环境中操作手机，极易出现误操作，因此要考虑操作，尤其是单手操作的成功率，对按钮的位置、形状、长度、误操作修正等都需加以注意。

（4）网络环境

Web：PC端所使用的网络多是稳定的、无需担心费用的Wi-Fi网络。

APP：移动端APP的网络情况相对复杂，需考虑Wi-Fi网络和移动流量两种情况。APP UI设计应注意以下几点。

使用移动流量会产生额外费用，需要设置流量使用提醒，一旦用户使用流量，要及时给予提醒。提醒页面的UI设计应简洁，多为文字性内容，避免耗费用户的流量。

移动流量更易出现网络不稳定的情况，网络异常时同样需要设置提醒功能。提醒设计较为灵活，文字、动画、动漫提醒皆可，某种程度上还可起到缓解用户焦虑情绪的作用。

9.2 iOS 系统的界面设计

iOS系统是苹果公司开发的移动操作系统，于2007年MacWorld大会上首次公布。iOS系统初期专为iPhone服务，后期陆续应用在iPad、iPod touch、Apple TV等产品上。iOS系统历经多次迭代更新，发展成为技术成熟、引领UI设计潮流的产品。

9.2.1 iOS 系统的界面尺寸

常用的UI设计概念和单位是必须掌握的基础知识，不同版本的iPhone所对应的屏幕尺寸和适配方案也不相同，以下具体介绍基本的单位概念和iOS系统常规机型的界面尺寸。

（1）基本单位概念

●屏幕尺寸

屏幕尺寸指屏幕对角线的长度，单位是英寸，1英寸=2.54厘米。常见的屏幕尺寸有3.5、4.0、4.7、5.5、5.8、6.1、6.5等。

●屏幕分辨率

屏幕分辨率是指在横纵方向上的像素点数，单位是px，1px就是1个像素点。屏幕分辨率以纵向像素和横向像素的乘积来表示，如750px×1334px。px（Pixel）是电子屏幕显示的基本单位，像素越高则图像越清晰。

●屏幕像素密度

屏幕像素密度是指每英寸的像素点数，全称为Pixels Per Inch，缩写为PPI。屏幕像素密度与屏幕尺寸、屏幕分辨率相关。在一定情况下，屏幕尺寸越小、分辨率越高，像素密度越大；反之越小。

（2）常用的界面尺寸

iOS 12系统有两种设计规范，一种使用@2X的750px×1334px尺寸比例进行适配，包括iPhone 4/4s/5/5s/5c/6/6s/7/8，同时适配@3X的iPhone 6/6s/7/8 plus；一种适用于有"齐

刘海"和"主控条"的iPhone X新机型,以@2X的750px×1624px尺寸适配iPhone Xr,同时适配@3X的iPhone X/Xs/Xs Max。

iOS系统适配的iPhone设备的分辨率、界面尺寸具体如下表所示。

iPhone设备的分辨率及界面尺寸

设备	分辨率(px)	状态栏高度(px)	导航栏高度(px)	标签栏高度(px)
iPhone Xs Max	1242×2688	132	132	147
iPhone Xr	828×1792	88	88	98
iPhone X/Xs	1125×2436	132	132	147
iPhone 6/6s/7/8 plus	1242×2208	60	132	147
iPhone 6/6s/7/8	750×1334	40	88	98
iPhone 5/5s/5c	640×1136	40	88	98
iPhone 4/4s	640×960	40	88	98

9.2.2 iOS 系统的界面元素

iOS系统的界面元素包括状态栏、导航栏、工具栏、标签栏、内容区等,以下主要以iOS 12系统的750px×1334px、750px×1624px两种尺寸进行展示说明,如图9-5所示。

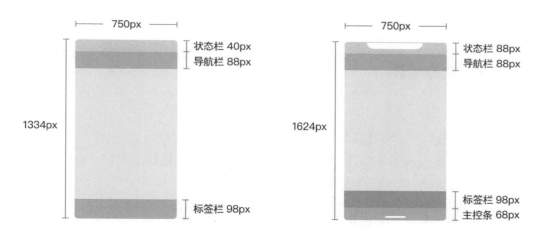

图 9-5　iPhone 界面的尺寸

(1)状态栏

状态栏位于手机顶端,背景是透明的,主要是显示时间、信号、运营商、电量等手机当前状态的区域。如图9-6所示,iPhone 6/6S/7/8 状态栏高度为40px。如图9-7所示,iPhone Xr状态栏高度为88px。

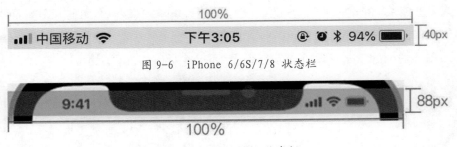

图 9-6 iPhone 6/6S/7/8 状态栏

图 9-7 iPhone Xr 状态栏

（2）导航栏

导航栏位于应用程序的顶部，在状态栏下方。用于显示当前界面的名称，可包含搜索框、页面跳转、扫描等功能，导航栏也可放置标题、控件。如图9-8所示，以iPhone 8为例，导航栏高度为88px。

图 9-8 导航栏

（3）工具栏

工具栏中放置可编辑当前界面的按钮控件，有扩展显示编辑属性的作用。如图9-9所示，以iPhone 8为例，工具栏高度为88px。

图 9-9 工具栏

（4）标签栏

标签栏位于页面的底部，可提供应用分类界面的快速跳转和定位。如图9-10所示，以iPhone 8为例，标签栏高度为98px。

图 9-10 标签栏

（5）内容区

内容页是页面中最大的区域，用于展示主要内容。内容区一般是指去除状态栏、导航栏、工具栏、主控条之后的区域。如图9-11所示，以iPhone 8为例，内容区的高度为1108px。

图 9-11　内容区

9.2.3 iOS 系统的字体

（1）苹方

苹方字体是苹果公司针对中国市场设计的中文字体，是目前苹果设备默认的中文字体。苹方字体字形优美清丽，在电子设备上具有清晰易读的显示效果。苹方字体有6种字重，同时支持简体中文和繁体中文，能够满足日常的中文阅读需求和排版设计。如图9-12所示。

字体	中文字重名称	英文字重名称	font-weight
苹方	极细体	UltraLight	100
苹方	纤细体	Thin	200
苹方	细体	Light	300
苹方	常规体	Regular	400
苹方	中黑体	Medium	500
苹方	中粗体	Sembold	600

图 9-12　苹方字体的字重

（2）San Francisco

从iOS 9系统开始，苹果采用了全新的英文字体San Francisco，它包含两种形式的字体：一种是为iOS系统和Mac OS X系统设计的SF字体，一种是为Watch OS系统设计的SF Compact字体。字弯采取圆弧式还是垂直式是SF字体和SF Compact字体的区别。这两种字体又各自细分为Text（文本内容排版）和Display（标题展示），其中Text有6种字重，Display有9种字重。如图9-13所示。

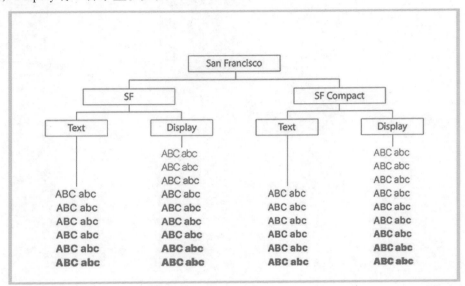

图9-13 San Francisco字体

9.3 Android 系统的界面设计

Android俗称"安卓系统"，是中国移动手机端使用最广的应用系统。谷歌公司于2008年发布了Android系统，其后应用于智能手机、平板电脑等移动设备上。

Android系统是基于Linux平台的操作系统，为第三方开发商提供广阔自由的环境，搭载Android系统的手机数量庞大。据统计，2018年Android系统手机的销量在全球市场的占比约为85%，增长势头迅猛，预计到2022年将达到14.1亿台。

9.3.1 Android 系统的界面尺寸

搭载Android系统的手机越来越多，手机屏幕的分辨率和尺寸也日趋多元化，使Android系统的适配成为一个难题。

总体来说，Android系统的界面元素包含标签栏、状态栏、导航栏、工具栏、内容区，但由于供应商及手机版本的不同，Android系统界面元素的尺寸并没有形成统一的标准。Android系统的源代码面向用户免费开放，可通过各种组件设置界面元素的尺寸。Android系统的组件包括视图组件（View）、视图容器组件（View Group）、布局组件（Layout）、布局参数（Layout Params）等。

Dp是Android系统特有的尺寸单位，是Density–independent pixel（设备独立像素）的缩写，大小由操作系统根据手机屏幕密度动态渲染而成。dpi（dots per inch）原指打印分辨率，在Android系统中与PPI同义，都表示屏幕像素密度。不同的屏幕密度下，dp与px的换算情况也不同，换算关系式是dp=px×（dpi/160）。如果密度是160dpi，1dp=1px；如果密度是320dpi，则1dp=2px。

为支持不同屏幕密度设备的运行，Android系统将设备显示屏幕密度的高低，分为Ldpi（低）、Mdpi（中）、Hdpi（高）、XHdpi（特高）、XXHdpi（超高）等。如图9–14所示。

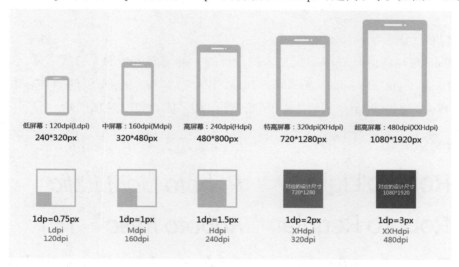

图 9–14 dp 与 px 换算

9.3.2 Android 系统的字体

（1）非拉丁语系字体：Noto

Noto字体是Adobe与Google合作推出的一款开源字体，共有7种字重（Thin、Light、Demilight、Regular、Medium、Bold、Black），同时支持繁体中文、简体中文、日文和韩文。Noto字体在Adobe与Google的命名不同，在Adobe称为Source Han Sans，在Google称为Noto Sans CJK。如图9–15所示。

话　话　话　话　**话　话　话**　简体中文

吴　吴　吴　吴　**吴　吴　吴**　繁体中文

あ　あ　あ　あ　**あ　あ　あ**　日文

한　한　한　한　**한　한　한**　韩文

Thin　Light　DemiLight　Regular　Medium　Bold　Black

图 9-15　Noto 字体的字重形式

（2）拉丁语系字体：Roboto

Roboto 是 Google 为 Android 操作系统设计的一种圆润清晰的无衬线字体，包含6种字重（Thin、Light、Regular、Medium、Bold、Black）和 Condensed 版的斜体。Roboto 字体被形容为"现代的，但平易近人"和"情绪化"的字体。如图9-16所示。

Roboto Thin　　　*Roboto Thin Italic*

Roboto Light　　　*Roboto Light Italic*

Roboto Regular　　*Roboto Italic*

Roboto Medium　　*Roboto Medium Italic*

Roboto Bold　　　*Roboto Bold Italic*

Roboto Black　　　***Roboto Black Italic***

图 9-16　Roboto 字体的字重形式

9.4 Windows Phone 系统的界面设计

Windows Phone(简称WP)是微软公司于2010年10月发布的一款手机操作系统，初始版本命名为 Windows Phone 7.0，后逐渐应用于其他移动设备中。在激烈的市场竞争中，2018年 Windows Phone 逐渐退出了市场。但 Windows Phone 所创立的 Metro 界面设计风格，因独树一帜的风格而风靡一时，其设计元素和风格仍影响着很多设计师的创作。

Metro 的核心设计理念是光滑、简洁、现代,其设计精髓体现在动态磁贴上,动态磁贴以简洁、高效、流畅著称,造就了 Windows Phone 经典的 UI 设计风格。如图 9-17 所示,手机界面被分隔成一个个动态磁贴,动态磁贴皆以图标形式独立存在,可通过变化、翻转等动态形式展示信息。动态磁贴正反两面都可承载信息,分为主要磁贴、次要磁贴、宽磁贴,根据内容的重量级选择对应的磁贴。与图标所提供的应用程序快捷方式相比,动态磁贴在节约系统资源的同时,还展示了与应用程序相关的重要信息,实现了信息传递和流畅体验的平衡。

图 9-17　动态磁贴

9.5 APP 的设计要点

根据产品定位和侧重点的不同,不同类型 APP 的设计要点也不尽相同,以下具体介绍常用 APP 的 UI 设计特点。

9.5.1 金融类 APP

依托于互联网技术,金融类 APP 为用户提供了便捷的掌上金融服务,深入人们生活的方方面面。金融类 APP 主要分为期货证券交易、手机银行、P2P 理财等类型。如图 9-18 所示,金融类 APP 的设计要点如下。

（1）账户安全问题

金融类 APP 多涉及金钱往来,保障用户账户安全是第一要务。对于账号登录、银行卡绑定、转账理财等涉及隐私、交易的情况必须设置短信验证码等安全保障措施。针对大额转账汇款及理财产品的购买，APP都应给予警示性的提醒。

（2）常用功能的展示

金融类APP常用的"收支明细""转账""账户总览"等功能应放置于明显位置。对查询、转账等功能的设置应注意位置安排的合理性、图标名称的辨识性，以及保证足够的展示空间，防止产生误操作。

（3）斟酌色彩的使用

金融类APP的主体色应使用具有沉稳、可信度的色彩，关键按钮、图标、核心数据多采用理性的冷色系，而在图表展示上，可通过色彩的对比来进行强调。

图 9-18　金融类 APP

9.5.2 购物类 APP

随着互联网和移动支付的发展，网络购物已经改变了人们的生活方式。购物类APP蓬勃发展，淘宝、小红书、蘑菇街、京东等APP比比皆是，用户群体庞大且十分活跃。如图9-19所示，购物类APP的设计要点如下。

（1）条理清晰的版面设计

购物类APP以提供便捷高效、详尽周到的购物服务为目标。首页设计应突出用户的主要需求和APP的主推功能，其他功能的详细内容隐藏在二级、三级页面中，以保证页面层级的清晰。搜索功能通常放置在页面顶端，便于用户快速有针对性地进行筛选。不同层级的内容在设计风格上应具有一致性，以此实现自然划分页面层级的视觉效果。

购物类APP多使用饱和度高的暖色调,通过强烈的视觉冲击营造愉悦的购物氛围。

（2）高质量的图像展示

购物类APP的内容以商品图片展示为主,辅之以文字说明,通过图文并茂的方式综合展示商品。商品图片的质量直接影响用户的购物体验,故图片应清晰、准确,尽可能地展示商品细节。购物类APP广泛使用全屏图像,在充分展示商品细节的同时也保证了界面的秩序性。目前视频展示方式也已普及,通过商品展示、真人介绍、试穿展示等多种视频形式使用户全方位多角度地了解商品的详情,有效地提高了购买率。

（3）流畅高效的浏览体验

提供高效的浏览搜索功能是购物类APP的重要设计环节。减少导航分类的数量,过于繁琐、过分细化的分类会给用户浏览和查找商品制造困难。可以说,搜索功能直接影响着用户购物的满意度和成功率。商品搜索关键词的覆盖面、信息匹配度、检索相关度和准确性等都影响着搜索结果,宽泛又准确的商品搜索范围可极大地节省用户搜索购物的时间,营造良好的购物体验。

（4）支付的便捷与安全

对于支付,用户最关注的是便捷性和安全性。有研究显示,因为支付流程繁琐或出现问题,有近66%的用户最终放弃付款购买。从设计的角度来看,简化支付流程是支付设计的基础。在支付页面设计上,要屏蔽一切无关信息,只保留支付金额、订单编号、支付方式等基本信息。同时,可开通多种支付方式,如指纹支付、刷脸支付、密码支付、他人代付等满足用户多样化的支付需求,提升支付的便捷性和安全性。

图 9-19　购物类

9.5.3 社交类 APP

社交类 APP 长期占据应用商店下载排行榜的前列。沟通交流、分享互动是其核心功能，常见的社交类 APP 有微信、QQ、豆瓣等。社交类 APP 的设计要点如下。

（1）选择适宜的 APP 主体色

社交类 APP 自身设定的主体色多会成为贯穿整个 APP 设计的色彩，一般以绿色、蓝色等明快的色彩为主色调。

（2）突出 APP 的主要功能

页面布局合理，突出主要功能，去除赘余的干扰性元素。社交类 APP 应将交流分享这一核心功能置于最重要的页面位置。如图 9-20 所示，以 QQ 的 APP 为例，其核心功能是即时聊天。QQ 的 APP 整体页面风格简约，主页面按优先级排序，分为消息、联系人、动态 3 大模块，切换模块即可显示对应内容。"消息"页面只显示所收到的消息，按照时间先后排序，永远置顶最新消息。"联系人"分类明确，突出显示新朋友、创建群聊等模块，对于好友、群聊、设备、通讯录等进行区分显示，方便查询。"动态"上方显示的是好友动态、附近、兴趣部落等互动性信息，下方显示游戏等其他拓展性功能服务。

（3）具有多样的交互方式

分享互动是社交类 APP 另一重要功能，通过提供文字图片交流、视频语音通话、评论点赞、互送礼物、表情包等多样的互动方式，实现个人社交的分享和互动，以此来提高 APP 的使用时长和活跃度。

图 9-20　社交类 APP

9.5.4 音乐类APP

音乐类APP是使用率较高的APP，主要提供音乐和MV的播放和下载、新歌及歌单推荐、歌曲点评、音乐社交、自制音频上传等服务。如图9-21所示，音乐类APP的设计要点如下。

（1）页面设计的风格化

音乐类APP设计具有一定的风格，通常将艺术、科技和体验紧密结合，多使用欢快明亮的色彩作为主色调，营造出轻松愉快和有艺术感的应用环境。

（2）页面设计的个性化

通过个性化皮肤库功能，彰显用户的个性和定制化服务。用户可选择自己喜欢的皮肤，也可自定义皮肤，满足了用户的个性化需求。音乐播放时的锁屏页面也体现了产品的特色，多采用歌曲或专辑的封面。

（3）页面设计的交互性

通过多种方式增强APP的交互性，弹幕功能的开设增强了用户的参与感；自制音频上传服务和评论功能的开通，增强了用户的参与热情和交互积极性；通过朋友间互赠专辑、互相点赞等行为，拉近了人与人之间的距离。

图9-21 音乐类

第10章
UI设计的升华之道

在掌握UI设计必备知识的基础上，设计师还应开拓思路，深入挖掘有助于提升界面设计能力的其他技能，才能设计出更完美、符合用户需求的产品。本章主要讲解可提升UI设计的拓展知识，包括提升设备适配的响应式设计、突出设计灵活与规范的栅格系统、提高气质的产品包装。

10.1 响应式设计

2010年，Ethan Marcotte提出了"自适应网页设计（Responsive Web Design）"。响应式也称为自适应，是指网站可以适应且兼容多个终端。响应式Web设计是在开发和设计网站过程中产生的一种设计方式，核心思想是Web界面的设计与开发应根据用户行为和设备环境（系统平台、屏幕尺寸、屏幕定向等）进行相应的响应和调整。响应式界面能适配不同的设备，可有效利用各终端的空间并提供良好的用户体验。

10.1.1 响应式图片

我们通过一个例子来理解响应式图片。如果图片只提供300px的尺寸，在1X（像素密度）显示器上是清晰的，而在2X~4X显示器上的效果则不太清晰；如果只提供类似1800px这类大尺寸的图片，那么对于1X~3X显示器而言，既浪费资源又影响加载速度，此时就凸显出响应式图片的作用。响应式图片是指通过识别屏幕宽度，浏览器根据屏幕不同的像素密度来显示图片，并可根据显示器尺寸做出相应调整。响应式图片使页面的浏览更为流畅舒适，在界面设计中应用十分广泛。

在读图时代，网页设计中的图片与图片库是热门的设计课题。作为网页中最常见的、也是最直观可见的元素，响应式网页图片与图片库的设计应注意以下几点。

（1）考虑导航栏的隐藏情况

在响应式网站中，使用图库、多张图片轮播时，应根据平台的差异考虑导航的隐藏情况。PC端网页中的导航栏一般都清晰可见，对页面起指引性作用，此时导航栏无需隐藏；而考虑到移动端设备屏幕小、导航易分散注意力等特殊情况，建议将导航栏进行隐藏设置，只在用户点击或光标滑过时显示。隐藏设计可避免图片和导航元素之间的视觉冲突,增加整体设计的秩序感和空间感。图10-1中红色阴影标记的是导航栏。

图 10-1　移动端和 PC 端的导航栏显示

（2）尊重用户的使用习惯

大部分用户已经形成了在移动端触摸屏上使用手势操作的习惯,这种操作习惯会影响用户在其他平台的操作。因此在设计响应式图片库时可增添手势操作的方式,赋予用户更多的、更自然的选择,顺应用户的使用习惯,符合用户对交互体验的基本设想。

（3）设置图片的缩放功能

为方便不同浏览器的适配,应注意图片的缩放设置。如果图库中的图片提供缩放功能,那么尽量提供缩小功能,而不是放大功能。宜使用百分比来控制图片的缩放,对应的其他属性则可设置为自动。例如,图片缩小的宽度设定为60%,那么对应的高度缩小比例可设定为自动。

（4）去除图片的多余信息

在使用图片时,应去除图片标题或其他附属信息。一方面,在移动端有限的页面空间内,这些附属信息很容易与图片挤压在一起,造成视觉上的混乱。另一方面,附属信息的显示局限性过大,过多的变量会引起页面控制的不稳定性,设计师需要考虑和应对的问题非常多,如在PC端和移动端中信息的显示效果、细节设置、页面混乱、信息缺失等情况。因此,应尽可能减少图片变量信息和附属信息的显示。

（5）注意图片尺寸的问题

图片尺寸不超过原始图片的最大尺寸是最基础，也是最重要的设计要点。使用尺寸小的图片去填充超过自身尺寸的页面空间，会使图片模糊不清。如图10-2所示，在屏幕尺寸相同的情况下，尺寸小的图片会呈现模糊不清的视觉效果。尤其是在PC端，电脑屏幕尺寸相对较大，页面显示应选择尺寸合适的图片。

图 10-2　不同尺寸图片的显示效果

10.1.2 响应式导航

PC端中，典型的网页导航模式是导航置顶、导航居左，但这两种导航模式并不适用于屏幕较小的移动端设备，因此需要引入响应式导航。

响应式导航是指通过自动识别屏幕宽度并根据页面大小进行相应调整的导航排列方式。响应式导航可根据浏览器窗口的宽度自动调整导航条的显示状态，一般会设置一个导航条和一个按钮。

当浏览器窗口足够宽时，正常显示导航条而不显示按钮；当浏览器窗口宽度缩小到一定程度时，页面将自动隐藏导航条并显示按钮。此时，点击按钮即可显示隐藏的导航条。图10-3中红色阴影标记的是按钮和导航条,左侧图为屏幕较小时显示的"考试导航"按钮,右侧图为屏幕较大时显示的导航条。

图 10-3　按钮与导航条

10.1.3 响应式选择菜单

响应式选择菜单指的是根据屏幕的大小进行自适应调节的菜单栏。图10-4中红色阴影标记的是选择菜单。在小屏幕情况下,左侧图为自适应显示的2行选择菜单图标;在大屏幕情况下,右侧图为自适应显示的3行选择菜单按钮。

响应式选择菜单的设计应遵循按优先级展示内容、采用通用的设计结构、区别于导航菜单设计等基本要点。

图 10-4　响应式选择菜单

10.1.4 响应式登录

响应式登录指根据屏幕大小进行自适应调节的登录页面。在两种屏幕尺寸下,响应式登录页面的显示内容和比例的变化。如图10-5所示。

图 10-5　响应式登录

10.1.5 响应式内容栏目

响应式内容栏目指根据屏幕大小进行自适应调节的内容显示栏目。两种屏幕尺寸下，内容栏目页面的变化和调整，图 10-6 中红色阴影标记的是内容栏目。

图 10-6　响应式内容栏目

10.1.6 响应式重新布局

响应式重新布局是针对页面整体布局进行的调整，指根据屏幕大小自适应屏幕的新布局。响应式重新布局有其自身的优点和缺点，应根据具体情况加以衡量。

优点：针对不同分辨率的设备具备更多的灵活性，可解决多设备内容显示的适配问题。

缺点：适配设备屏幕尺寸的工作量过大，效率较低；代码赘余，会出现隐蔽且无用的元素，致使加载时间长；设计方案有局限，排版达不到最佳效果；布局结构改变会出现功能混乱的情况。

10.2 栅格系统

10.2.1 什么是栅格系统

栅格系统（grid systems）也称为"网格系统"，是指运用固定的格子设计版面布局。栅格系统是一种通用且行之有效的平面设计方法和风格。

网页栅格系统从平面栅格系统中发展而来。对于网页设计来说，以规则的网格阵列来指导规范页面的版面布局及信息分布，极大地提高了网页的可用性，使页面信息更为美观易读。对于前端开发来说，栅格化的网页更具灵活性和规范性，开发人员可快速校准元素位置，可模块化管理元素，利于开发和实施工作的开展。栅格系统是广告排版、海报画册、界面设计等行业的主流设计风格。图 10-7 是优就业网站的栅格化设计。

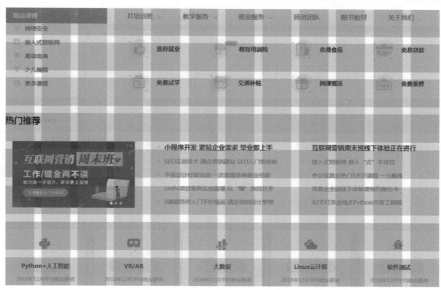

图 10-7　网页栅格化设计

（1）栅格系统的构成要素

栅格系统的构成要素包括列、行、栏、水槽、安全边距等内容，如图10-8所示。

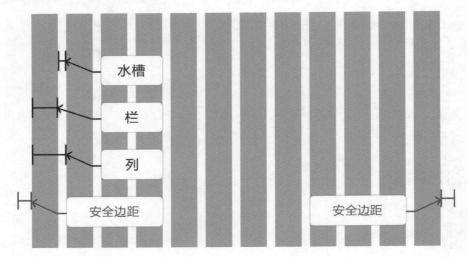

图 10-8　栅格系统的构成要素

●最小单位

栅格系统的最小单位就是界面设计的基础单位，界面内的设计元素和排版都以基础单位为构建和布局的依据。PC端常见的最小单位是10，移动端常见的最小单位有3、4、5。最小单位可自定义，在设备分辨率不断增大、UI设计大量留白等趋势的影响下，最小单位变得越来越大，如图10-9所示。

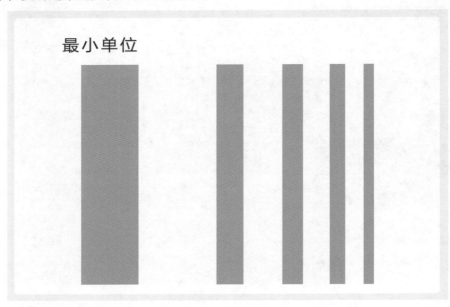

图 10-9　最小单位的变化

●列

列是栅格系统纵向排布的依据，PC端常用的列数是12列，移动端常用的列数是6列。列数越多纵向排布内容就越细致，但所呈现的版面内容则越紧密，内容也更细碎。如图10-10所示。

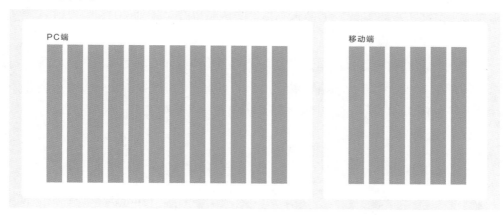

图 10-10　栅格系统的列

●行

行是栅格系统横向排布的依据。某些网站的页面排版形式是显示内容但不固定高度，使行数变成了未知，很多设计师容易忽略网页布局中的行布局。而在实际操作中，合理运用行布局能使页面分类布局更具合理性和清晰度。如图10-11所示。

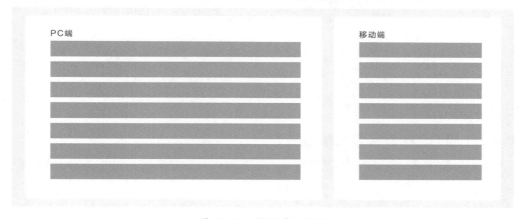

图 10-11　栅格系统的行

●栏

栏是栅格系统的容器，用于放置文本、表格、图片等内容元素，是可容纳设计内容的区域。

●水槽

水槽是栏与栏间的分割间距，主要用于调整相邻两个栏的距离。水槽可控制页面的间距与留白,分割区域并可营造呼吸感。水槽越大,页面间距就越大;水槽越小,页面间距就越紧凑。需要注意的是水槽里不能放置任何内容。

● 安全边距

安全边距就是栅格边缘与屏幕边缘之间的距离,不能放置任何内容。移动端主要是指两边与屏幕边缘的距离,PC端主要是指两边的留白区域。

(2)栅格化的计算原理

栅格化是通过确定等分的单位宽度以及单位宽度之间的间距,把单位宽度进行重新组合的排版方式。在进行栅格化设计前,设计师应提前做好规划和计算。栅格系统的计算原理如图10-12所示,其中W是屏幕总宽度,A是列宽,a是栏宽,n是栏数,g是水槽宽,i是安全边距宽度。

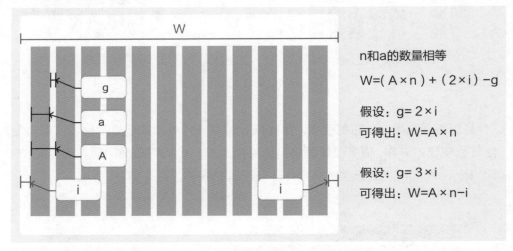

图 10-12 栅格系统的计算公式

10.2.2 栅格系统的应用

10.2.2.1 栅格系统在网页中的应用

基于操作平台、浏览器、屏幕的差别,随着用户个性化需求的增长、互联网资讯更新速度加快等众多因素的影响,栅格系统广泛应用于网站、移动端的界面设计中,已成为UI设计的发展趋势,也是网站、APP运营的内在发展要求。栅格系统使网站运营更具规范化和整体协作性,简化了工作流程,提高了运营效率。使用栅格系统设计网页,对于前端设计人员来说,只要根据规定尺寸进行设计,就不用再担心某一版块内容变化而导致整个网页必须重新规划的情况;对于后端开发人员来说,极大地节省了网站维护的时间和精力,降低了网站的运营维护成本。

(1)网页设计中栅格系统的分类

在网页设计中,栅格系统分为初级栅格系统、无对称栅格系统、多样化栅格系统3

个总类。

初级栅格系统又细分为双列栅格系统、三列栅格系统、四列或五列栅格系统。

无对称栅格系统又细分为初级三列栅格系统、三列无对称栅格系统、带侧栏的无对称栅格系统。

多样化栅格系统又细分为嵌入侧栏栅格系统、文字框栅格系统、旋转波浪形栅格系统、倾斜矩形栅格系统。

（2）响应式栅格化设计

响应式设计的特点是页面布局规范，元素模块清晰，可适用于不同的设备；栅格化设计的特点是几何网格规范严格，能提高页面设计的规范性、灵活性、可用性。将响应式设计与栅格化设计相结合，有相得益彰的设计效果，能有效提升页面的整体性、规范性和用户体验。响应式栅格化设计的常见类型如下。

● 屏幕容纳不下就换行

这种栅格系统内容区块的尺寸和间距是固定的，页面布局可随着设备宽度变化而进行预期指定的切换。设计师参考主流设备尺寸，设计1套~4套不同宽度的布局。通过自动识别屏幕尺寸或浏览器宽度，选择最合适的布局类型。原则上，特定的页面布局中以每行内容容量为基准，容纳不下就换行，切换到另一种页面布局。这种形式适合产品列表较为单一的网页类型，典型的网站有 Youtube、Pinterest、Behance 等。

这种形式存在一定的弊端，例如，页边距具有不确定性，为保持视觉上的平衡，很多页面将列表居中显示；内容区块的尺寸必须保持一致，否则边距无法统一。

● 弹性伸缩填满屏幕

这种栅格系统的间距和页边距是固定的，卡片尺寸可在一定范围内弹性伸缩，以确保填满整个屏幕。有别于换行的方式，卡片形式可在一定范围内弹性伸缩，不同大小的卡片混排也不会造成混乱。在缩放浏览器时，通过设置页面宽度与内容的比例关系（设置内容在窗口中所占比例，内容随着窗口大小变化而变化），则可在一定范围内保障浏览器与卡片的比例关系，并可利用有效控件展示最佳效果。典型的网站有 Google drive、Spotify 等。

这种形式并不适合布局内容相对复杂的版面，易造成设计师工作量的成倍增加、用户体验下降，效果有可能适得其反。

● 定制类响应式布局

这种布局形式参考主流设备尺寸进行多套尺寸设计，同时设置不同布局可兼容的最大尺寸和最小尺寸，在兼容尺寸内按比例放大，超出范围则切换布局方式。这种形式可适应一定尺寸范围内的设备屏幕、浏览器宽度，能利用有效空间展示最佳效果。目前国内大部分网页都没有涉足定制类响应式布局，简书、京东、腾讯视频等个别有所涉及的网站也多属于不完全的布局。

这种形式的统一性较低，可适配的屏幕类型不多，人力成本过高，应根据实际情况选择布局方式。

10.2.2.2 栅格系统在 APP 中的应用

Android系统的屏幕尺寸碎片化现象严重，iOS系统的界面也存在多种屏幕尺寸，这加大了设计师"维护适配性"的难度。栅格系统的自由布局提高了手机应用设计的布局效率，将焦点集中于细节设计和图形界面创意上，有利于设计方案的开发复现。以下主要介绍栅格系统在APP中的具体应用。

（1）最小单元格决定增量关系

栅格系统由水平和垂直方向的几何网格组成，这些网格是栅格系统的最小单元格，如图10-13右侧图所示的黄色区域。在APP中，最小单元格必须是2的倍数，大多数APP会选择使用4~10范围内的偶数。在实际应用过程中，根据APP的适用性和灵活性，4px、6px的单元格适用于页面内容较多、布局复杂的产品，如淘宝、网易考拉等电商类APP；而8px的单元格适用于大多数的APP产品。

页面中所有间距（水槽、安全边距、横向间距等）、组件尺寸等都是最小单位的整数倍，以此达到统一视觉节奏的目的。如果单元格选择为8px，那么所有用到的间距尺寸应是8px、16px、24px、32px、40px等。

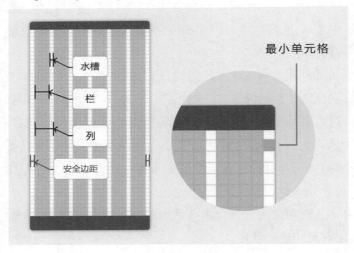

图 10-13　最小单元格

（2）确定列数等分布局

APP页面中，列的布局方式是等分布局。设计师一般采用750px的宽度尺寸作为设计基准，去除水槽、外边距后的内容区域被等分后就是列的宽度，列数必须是2的倍数。图10-14列举了常用的列数等分布局，对比可看出，除五等分情况以外，12列和24列的其他情况都可以满足等分，而6列的等分情况相对较差，因此12列和24列的适用性较高，在效果上优于8列和6列的列数等分布局。但24列等分布局将手机屏幕分割得过于细碎，只适用于内容信息多、排版情况复杂的产品，在实际使用中适用性最高的是12列的列数等分布局。

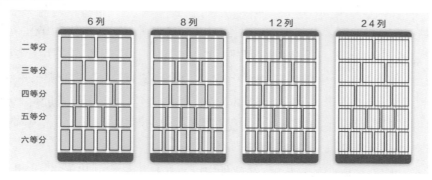

图 10-14 常见列数等分布局

（3）栅格化布局设置

栅格化布局设置可采用传统布局方式，确定产品的最小单元格、安全边距、水槽、列数等数据，然后在软件中绘制出栅格化布局样式，并应用到产品的界面设计中。也可使用专业软件进行栅格化布局设置，图10-15是Sketch软件的布局设置功能，可快速搭建栅格系统的参考布局，使用【Ctrl+L】快捷键切换到布局设置，极大地提高了设计效率。

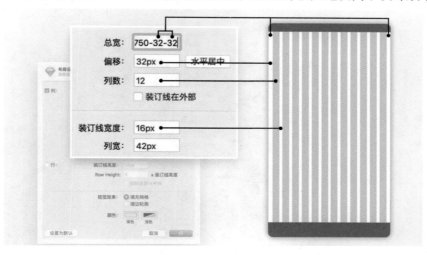

图 10-15 Sketch 的布局设置功能

10.3 产品包装展示

包装展示是设计工作中不可或缺的环节。设计师将所设计的产品加以包装最终推介给客户，如同礼物需要精美的外包装，成功的产品也离不开包装设计的助力，打造与产品的气质、特征高度契合的包装展示效果，是提升产品吸引力和用户满意度的不二法宝。包装展示以内容为依托，从客户需求出发，准确传递产品的设计理念、品牌价值、痛点卖点等核心信息，同时兼顾视觉和感官的呈现效果，力求完美展现产品。

10.3.1 产品包装的表现形式

产品包装的表现形式分横版和长图两种排版布局形式。如图10-16左侧图所示，横版形式包括多张图片，每个分隔页面都是其组成部分。横版形式适用于多种类型产品的包装，其优点是便于全局观看展示、整体效果和翻页体验好、版式整齐一致。如图10-16右侧图所示，长图形式由一个图片构成。设计师多使用长图形式进行平台类产品的包装，适用于单一产品的包装展示，其优点是便于移动端观看展示、无需翻页、包装风格统一有特色。

使用设计软件完成产品包装后，在软件中可直接导出最终的PDF格式，也可以通过PPT进行版式设计和细节处理再导出为PDF格式。PDF格式兼容性强、文件小，便于传输和下载。

图10-16　横版与长图的包装形式

10.3.2 产品包装的设计要点

（1）背景色的选择

　　色彩之间的相互作用会影响作品的整体呈现，应根据产品色彩分布选择背景色。在选择产品包装背景色时，多以白色或浅色为主，尽可能地保持背景色的简洁纯净；在使用深色背景时，适宜选择黑色或深灰色这类包容性强的色彩，可更好地衬托作品。如图10-17所示。

图 10-17　深浅背景色的对比

（2）选择合适的字体

　　推荐使用以非衬线字体为主的字体样式，可提高阅读效果；在特殊情况下，可选择衬线字体样式。不推荐使用花式字体，这种字体既影响内容阅读又对设计把控力有较高的要求。

　　一般使用黑色、灰色、浅色等无彩色系的字体颜色进行信息层级的区分，可适当选择粗体、常规字体进行对比效果的展示。用于展示产品包装信息时，字体不宜使用过多的颜色和样式。图10-18为两种字体样式的对比效果。

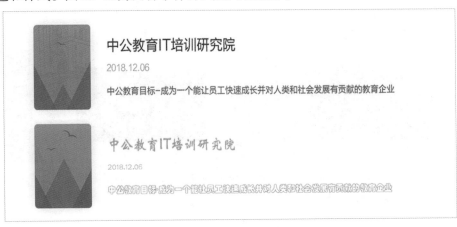

图 10-18　包装字体对比

（3）不宜过度装饰

包装设计的主要目的是衬托产品、突出产品的亮点，因此包装设计不宜过度装饰，不能喧宾夺主，设计风格应简约大气。

应根据情况谨慎选择倾斜样式、绚烂复杂的背景、透视过度等包装手法。装饰元素不宜过多、过大、过于花哨，易分散注意力，适当留白可增加页面的呼吸感。统一的样式风格可提升整体视觉效果的协调性，应注意控制样式的种类，1种~2种样式即可实现信息层次的区分。如图10-19所示，右侧图简洁的包装设计效果要明显优于左侧图的效果。

图 10-19　不宜过多装饰

（4）添加说明性描述

对展示产品添加项目背景、设计思路等说明性描述，结合产品象征元素的拆解、品牌价值理念的解读，全方位多角度地阐释产品的设计理念，可帮助客户深入理解产品，做出准确的判断，如图10-20所示。相对于纯视觉作品的展示，这种方式显示出设计师的专业度、服务精神及对产品的深入理解。包装设计中附带产品的相关数据分析会更具说服力，可体现产品的商业价值。对于数据信息，尽量将复杂数据转化为可视化图形，通过数据图形的对比可有效提升信息的获取效率。

图 10-20　添加说明性描述

（5）重视封面封底的设计

包装设计应有始有终，封面封底应具有一致的风格。在产品包装设计过程中应花足够多的精力在封面设计上，封面设计影响用户对产品的第一印象，因此应注重封面在视觉上的吸引力,通过版式、色彩、光影对比等多种设计元素吸引用户的注意。封底设计应与封面设计相呼应,保持整体的一致性。如图10-21所示。

图 10-21　封面封底设计